U0290320

LA BIÈRE
C'EST PAS SORCIER

饮食生活新提案

啤酒
原来是这么回事儿

LA BIÈRE C'EST PAS SORCIER

［法］吉雷克·奥贝尔（Guirec Aubert）—著

［法］亚尼斯·瓦卢西克斯（Yannis Varoutsikos）—绘

谢珮琪—译

中信出版集团｜北京

图书在版编目（CIP）数据

啤酒原来是这么回事儿 /（法）吉雷克·奥贝尔著；
（法）亚尼斯·瓦卢西克斯绘；谢珮琪译 . -- 北京：中
信出版社，2019.7（2020.3重印）
（饮食生活新提案）
ISBN 978-7-5217-0161-6

Ⅰ.①啤… Ⅱ.①吉…②亚…③谢… Ⅲ.①啤酒–
基本知识 Ⅳ.① TS262.5

中国版本图书馆 CIP 数据核字 (2019) 第 039140 号

LA BIÈRE C'EST PAS SORCIER by Guirec Aubert
Copyright © Marabout (Hachette Livre), Paris, 2017
Current Chinese translation rights arranged through Divas International,
Paris (www.divas-books.com)
Simplified Chinese translation copyright ©2019 by CITIC Press Corporation
ALL RIGHTS RESERVED

本书中文翻译由三采文化股份有限公司授权使用。

啤酒原来是这么回事儿

著　者：[法]吉雷克·奥贝尔
绘　者：[法]亚尼斯·瓦卢西克斯
译　者：谢珮琪
特约审校：谢攀
出版发行：中信出版集团股份有限公司
　　　　　（北京市朝阳区惠新东街甲4号富盛大厦2座　邮编　100029）
承 印 者：北京利丰雅高长城印刷有限公司

开　本：787mm×1092mm　1/16　　印　张：12.5　　字　数：260千字
版　次：2019年7月第1版　　　　　印　次：2020年3月第2次印刷
京权图字：01-2019-0992　　　　　　广告经营许可证：京朝工商广字第8087号
书　号：ISBN 978-7-5217-0161-6
定　价：88.00元

图书策划　雅信工作室
出版人　王艺超
策划编辑　红楠
责任编辑　红楠
营销编辑　段媛媛　杨思宇
装帧设计　左左工作室

出版发行　中信出版集团股份有限公司
服务热线：400-600-8099　网上订购：zxcbs.tmall.com
官方微博：weibo.com/citicpub 官方微信：中信出版集团
官方网站：www.press.citic

版权所有·侵权必究
如有印刷、装订问题，本公司负责调换。
服务热线：400-600-8099
投稿邮箱：author@citicpub.com

简　目

目　录

CHAPITRE

N° 1

啤酒到底是什么？

大多数人在自家附近就可以买到啤酒，

这世上应该没有比它更亲民的酒精饮料了吧？

虽然全球的啤酒消费量惊人，但很少有人真正了解它。

尤其是法国的啤酒爱好者，通常对啤酒的制作过程一知半解。

接下来，让我们一起探索麦芽的秘密、啤酒花的特性以及发酵的奥妙吧。

喜欢自己动手做的人，还能学习如何在家酿制属于自己的啤酒哦！

啤酒的定义

关于啤酒，有个有趣的矛盾现象，那就是大家最常喝啤酒，
然而在所有酒精饮料中，对它的了解却可能是最少的。

啤酒的法律定义

啤酒是由谷物发酵而成的饮料，所以含有酒精成分。很多人以为啤酒是用"啤酒花"酿的，其实大错特错。事实上，啤酒花的成分只有一点点，它的角色类似于食物起锅前洒上的香料，只是用来画龙点睛而已。酿啤酒看起来好像很简单，却有非常明确的法律定义，尤其是在成分规定方面。

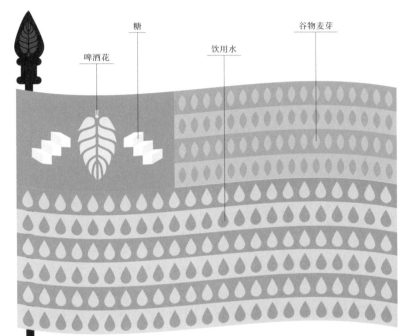

糖

啤酒花

饮用水

谷物麦芽

谷物麦芽必须占全部干性原料的50%以上

公共卫生的考虑

啤酒的法律定义看起来有点狭隘，其实与由来已久的公共卫生安全有关。以前的稽查机关必须惩罚不诚实的制造商，避免他们在啤酒中添加盐（让人喝了口渴并且想喝更多）、劣质谷物（节省成本）或精神药物（加强醉酒的兴奋感）等投机取巧的成分。

全球统一的定义

水、麦芽、啤酒花，这三个主要成分原本是欧洲人认定的啤酒基础，现已成为全世界认可的标准，甚至被视为不可违背的圭臬。不过，例如安第斯地区的奇恰（chicha）玉米酒、俄罗斯的格瓦斯（kvas）黑麦面包发酵酒，或是日本的清酒（sake），就不符合这一标准。如果所有老祖宗传下来的谷物发酵饮料都能被称作啤酒，那么世界上每个国家都有自己的啤酒了。旅行、贸易与工业革命让啤酒流传到了世界各地，尤其是皮尔森啤酒（pils）。这种啤酒最早出现在19世纪的捷克，如今世界各地都可以喝到，例如享有盛名的老牌酒厂皮尔森欧克（Pilsner Urquell），或者美国的百威与中国的青岛啤酒都属于这种类型。

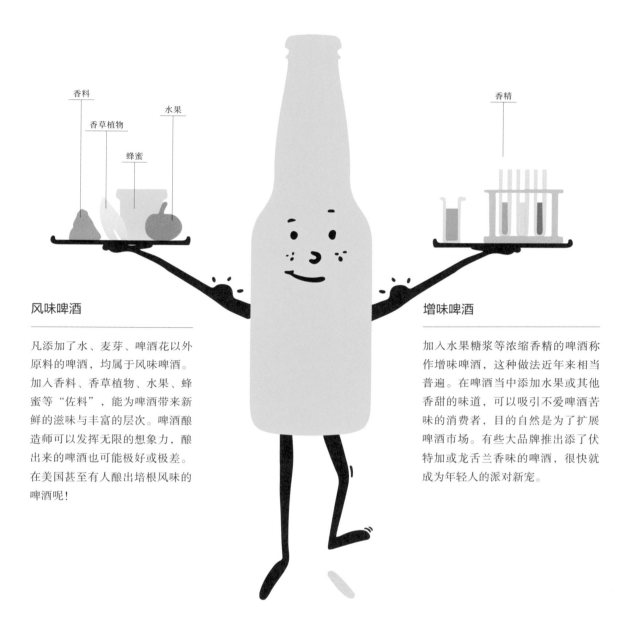

风味啤酒

凡添加了水、麦芽、啤酒花以外原料的啤酒，均属于风味啤酒。加入香料、香草植物、水果、蜂蜜等"佐料"，能为啤酒带来新鲜的滋味与丰富的层次。啤酒酿造者可以发挥无限的想象力，酿出来的啤酒也可能极好或极差。在美国甚至有人酿出培根风味的啤酒呢！

增味啤酒

加入水果糖浆等浓缩香精的啤酒称作增味啤酒，这种做法近年来相当普遍。在啤酒当中添加水果或其他香甜的味道，可以吸引不爱啤酒苦味的消费者，目的自然是为了扩展啤酒市场。有些大品牌推出添了伏特加或龙舌兰香味的啤酒，很快就成为年轻人的派对新宠。

 德国修改啤酒法律

拜欧盟所赐，现在在德国也可以喝到添加香料的其他国家的啤酒。2014年以前，德国的啤酒法规非常严格，禁止酒厂在酿酒原料中添加麦芽与啤酒花以外的成分，否则一概不可以称为"啤酒"。德国政府的用意在于保护消费者：一来消除啤酒使用添加物的疑虑，二来保护国内啤酒市场，避免与不守规矩的外来厂商竞争。但是在2014年时，欧盟法院认为德国啤酒税法太不公平，下令修改。现在樱桃古兹啤酒（gueuze）也能以"啤酒"之名在德国公开销售了。

酿酒师的工作

酿酒师的工作相当复杂，除了须具备专业且精准的酿酒技术
与严谨的企业管理能力，更需要灵活的创意与原创精神。

酿酒师是何方神圣？

虽然欧洲有些大学提供不同程度的啤酒专业课程，从大学本
科到硕士文凭都有，事实上很多酿酒师都有工程师学历背
景，尤其是农业食品加工专业。近年来，业余酿酒师与微型
啤酒厂纷纷涌现，为啤酒产业带来一番新气象。这些酿酒师
通常都是"不务正业"的啤酒爱好者，通过书籍或网站自
学，或是在专业酒厂实习，进而成为专职的酿酒师。

酿酒师的任务

酿酒师的首要工作是设计啤酒配方，大致包含以下几项步骤：

- 适时调整水量
- 决定麦芽与其他谷物的比例
- 确定啤酒花的品种及分量
- 挑选适合的酵母菌株
- 在正式大量酿制前进行少量的酿制测试

啤酒配方的设计来自酿酒师独一无二的灵感，加上无可比拟
的纯熟技术，结合经年累月的经验，才能酿造出个人风格浓
厚的佳酿。现在更发明出许多计算机程序，从精选啤酒原料
就开始计算，以求更精确地预测试酿成果。

酿啤酒，不只是搅拌而已

搅拌啤酒是酿制啤酒的核心步骤，日复一日精确地执行
重复的动作，是确保啤酒质量的关键。搅拌啤酒的过程
大约只需要一天，但发酵会持续好几个星期，因此需要
定时检查发酵状况。

除了基本的酿造作业和行政工作之外，酿制啤酒通常跟
税务机关的关系也相当密切。从业者必须如实记录啤酒
的酒精含量，作为课征烟酒税的依据。另外，原料的库
存与产品运送等管理工作也是不容忽视的环节。

酿酒师的工具

搅拌勺

搅拌勺的形状类似一个镂空的大汤匙，用来翻搅麦芽浆，也就是水与麦芽的混合液体。即使现在专业的搅拌槽都附有机械装置来进行神圣的搅拌步骤，但不少酿酒师仍然偏好老祖宗流传下来的木制搅拌平铲。

消毒剂

为了避免被任何不当的细菌感染，啤酒厂必须非常严格地要求清洁与卫生。唯一能在啤酒厂内繁衍的微生物，只有酿酒师精挑细选的酵母菌。在每次酿酒之前，必须以适当的清洁药剂消毒所有酿酒器具，不仅是为了确保卫生，也是为了确保啤酒的质量。

比重计

用来测量麦芽汁的糖分含量，通过显示的波美度（°Be）或柏拉图度（°P），预估啤酒中的酒精含量。

温度计

麦芽浆的温度对于发酵有决定性的影响。在麦芽糖化的过程中，必须将温度控制在62℃—72℃，酶才能将淀粉转化为糖。另一方面，进行发酵时，只有将温度维持在特定范围内，才能让酵母菌的活力维持在最佳状态。

酿啤酒的步骤

不管是酿制20升还是2000升的啤酒，方法永远只有一种。

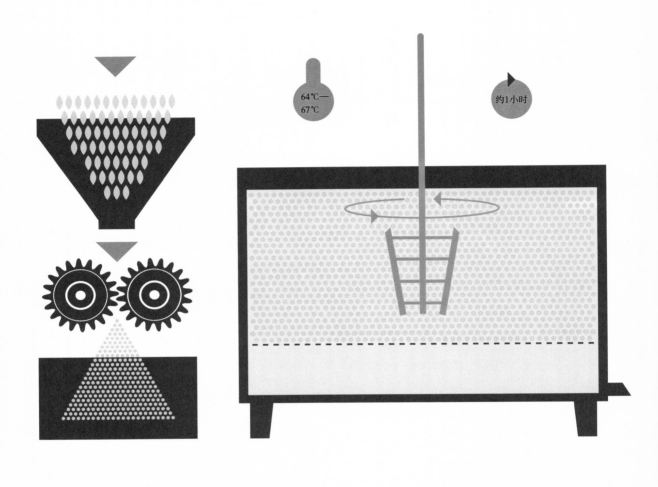

64℃—67℃

约1小时

1 捣碎

利用机器滚轮，将发芽的大麦或其他谷物压成碎末。

2 糖化

将俗称麦芽浆的麦芽与水加热大约1小时，达到64℃—67℃时，麦芽中的酶会开始把淀粉转化成单糖、双糖、麦芽三糖等。酿酒师必须持续不停地使用机器或人力翻搅麦芽浆。

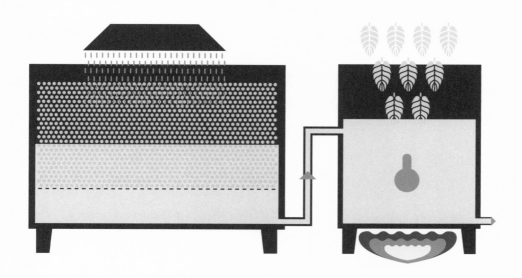

3. 过滤（洗槽）

待麦芽浆沉淀后滤出麦芽汁，再以热水冲洗麦壳（残渣），尽可能溶出剩余的糖分。此步骤结束后，麦渣会被拿去做堆肥或送到牧场做饲料。

4. 煮沸

将麦芽汁移至另一个蒸煮槽，加热约1小时将其煮沸。酿酒师会在此时加入啤酒花，增添苦味与香气。

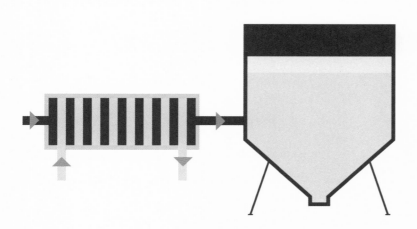

5. 冷却

为了避免麦芽汁感染细菌或其他微生物，必须迅速降温至25℃以下。

6. 发酵

确认麦芽汁维持在适合的温度，然后投入酵母，开始进行发酵。酵母会分解单糖并产生酒精、二氧化碳及酯类（香气分子）。发酵一段时间后，可以让啤酒的风味更加成熟。

7. 干投啤酒花

啤酒花里某些非常脆弱的香气分子，会在发酵过程中被高温摧毁。为了萃取出这些细微的香味，酿酒师会在发酵过程结束后重新添入啤酒花，数星期后再将啤酒装瓶。

麦 芽

啤酒和它的表亲威士忌，两者最主要的成分都是麦芽。

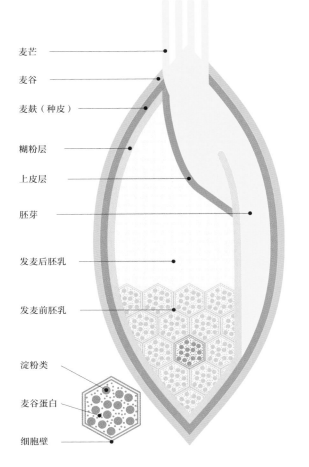

麦芒

麦谷

麦麸（种皮）

糊粉层

上皮层

胚芽

发麦后胚乳

发麦前胚乳

淀粉类

麦谷蛋白

细胞壁

为什么要发麦？

谷物种子的原始状态相当坚硬，含有结实饱满的淀粉，以储备未来发芽所需的营养。种子是植物主要的繁殖器官，必须能够藏在土里度过漫长的冬天，必要时甚至得挨过好几个寒暑。当春临大地，种子喝饱了水，继而萌发新芽、冒出嫩叶，抽穗后结满新的种子，继续传宗接代。

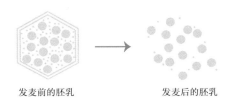

发麦前的胚乳　　　　　　发麦后的胚乳

能够顺利发芽的麦子，等于通过了考验。啤酒最常使用的是大麦，但任何谷物都可以进行"发麦"的步骤。至于为什么要发麦，这个在农业出现之前就被发明的技术，为的是将种子的营养提升到最大值。而为了维持酿制啤酒的质量，发麦工匠将会依循严谨的流程来处理需要发芽的谷物。

谁来负责发麦？

在19世纪，大型啤酒厂一向在自家进行发麦程序，直到后来被工业化的大型发麦厂取代。现今发麦工业由大集团主导，负责生产全球酒类大厂所需的麦芽，提供质量稳定的货源，尤其擅长混合不同的谷类配方。不过也有一些酿酒师或农民选择以自己的方式让谷物发芽，好让酿造出来的产品更能呈现当地的风土特色。微型发麦厂的发展也相当值得注意，它们提供给当地啤酒厂的麦芽大都来自当地种植与收割的有机农作物。

发麦的步骤

1 浸泡
2 - 3天

将大麦浸泡在温水中，慢慢吸饱水分，让麦粒膨胀至原来的两倍大。

2 发芽
4 - 6天

大麦中的胚芽将苏醒并孵化，形成侧根，也就是丝状的根。胚乳中的细胞壁会随之分解，释放淀粉，而发芽产生的 α 淀粉酶和 β 淀粉酶则会将淀粉转化成糖。

3 烘干
2 - 4天

将发芽的麦粒置于通风的地面，首先用50℃的热空气将其烘干，让发芽程序停止并稳定谷物状态。接着急速升温至120℃，将麦芽上色并烘出香气。即使是单一品种的大麦，发麦工匠也可以通过改变干燥的时间、温度和湿度，生产出各种颜色和香气的麦芽。

4 除根

去除已经变得毫无用处的根部，在送入仓库储存之前先放置20天左右。发麦完成的麦芽可储存好几年。

来自同一种大麦的不同麦芽

浅色麦芽
以不超过85℃的低温烘焙，富含淀粉酶，味道清淡。

烘干类麦芽
接近110℃高温烘干，具有类似烤吐司、面包或饼干的烘焙香气。

焦糖麦芽
只要将温度和湿度控制得宜，麦芽中的糖就可以形成结晶，产生厚实的风味和甜味。

烘烤类麦芽
以高于130℃的温度烘烤，使麦芽具备咖啡或巧克力的香气，并带有一丝涩味。

谷　物

谷物之于啤酒的重要性，相当于酿制葡萄酒的葡萄。

谷物是啤酒的基石

谷物的主要成分是淀粉。淀粉是多糖，在糖化过程中会转化为单糖，然后在发酵过程中转化为酒精。欧美啤酒的主要原料为大麦，因为取得容易、价格便宜又易于酿造；其次是小麦，在日耳曼系的啤酒较常见。除了大麦，有些传统配方会添加其他已发芽或未发芽的谷物，增添特色风味。

大麦	小麦	黑麦	燕麦
啤酒界的谷物天后，也是人类历史上最古老的耕种作物，来自土耳其的安纳托利亚高原，至今从挪威至马里共和国都能看到它的踪迹。大麦的淀粉含量高，蛋白质含量低，是酿制啤酒的理想选择。目前，最常用来酿制啤酒的品种是二棱大麦。	小麦是某些日耳曼系啤酒的主要原料，例如德式小麦啤酒（Weizen）。对于一般以大麦为原料酿制的啤酒来说，小麦是很棒的辅助原料，可以增添啤酒的酸度与清爽口感。	过去只有某些传统配方使用黑麦，其细致的辛香味现在重新获得酿酒师的青睐。俄罗斯和乌克兰流行的低酒精饮料格瓦斯，就是以黑麦面包发酵而成。	在配方中加入燕麦，可以带来甜味和奶霜风味，就像浓滑的燕麦粥一样，例如燕麦世涛（oatmeal stout）。

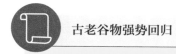

古老谷物强势回归

20世纪的农作物种类，通常要符合工业化生产的标准，虽然产量极高，却难以兼顾质量与风味的独特性。随着精酿啤酒的复苏，人们对于啤酒的风味比以前要求更高，一群爱好者遂投入到古老谷物的繁育，尤其是那些饱含香气的品种。抢手的传奇品种——马瑞斯奥特大麦（maris otter）就是其中之一，在消失了几十年后，它终于在英格兰北部重新繁育成功。

玉米

玉米是日常饮食的淀粉来源之一，味道呈中性，而且比其他谷物便宜。在哥伦布发现新大陆之前，中南美洲的人早已开始了用玉米酿制奇恰酒这种传统饮料。如今北美的啤酒大厂会用玉米取代部分麦芽，酿制出美式拉格啤酒（lager）。

米

日本人用米来酿制清酒，某些大品牌的拉格啤酒也用米作为淀粉来源。在酿制时加入米的啤酒，入口会带来干涩感，同时能突显其他成分的特色，例如啤酒花的香气。

高粱

自从高粱被发现能从茎部萃取糖分之后，便被开发了新用途：取代麦芽用来酿制无麸质的啤酒。西非的传统多罗酒（dolo）和中国的茅台酒都是以高粱为主要原料酿制而成的。

藜麦

源自安第斯高原，与一般禾本科谷物不同，是属于苋科的"假谷物"。其营养价值甚高，因而在西方世界大为流行。它可以用来酿制味道特性与小麦啤酒相似的无麸质啤酒。

啤酒花

不少人以为啤酒是"啤酒花的汁"，
其实啤酒花的比例不到啤酒成分的百分之一。

啤酒花不是花

啤酒花与大麻一家亲

啤酒花与大麻同属于大麻科家族，大麻有可以独立支撑的茎，啤酒花则需要攀附在其他物体上。事实上，人们种植这两种作物都是为了取得充满树脂的雌花。大麻花含有四氢大麻酚（THC），是众所周知的精神药物；啤酒花则富含α酸，可以为啤酒带来非凡的苦味。只需要喝一瓶酒精度2%的啤酒（例如Daniel Thiriez啤酒厂的Petite Princesse），或一瓶无醇但含有大量α酸的啤酒（例如Brewdog啤酒厂的Nanny State），就能明白啤酒花的威力。此外，啤酒花与大麻不仅是天然的防腐剂，而且都具有镇静作用，能放松肌肉，早在数千年前就被应用于传统医学上。

啤酒花的学名叫作蛇麻，生长在欧亚大陆和美国等北半球的温带地区，在农村很常见，有时甚至会出现在城市或河边，通常是前人种植遗留下来的。啤酒花是雌雄异株的藤本植物，攀爬在树木或支架上，可以长到十多米高。它的雌花和雄花分别长在不同的植株上，只有雌株的果实能用来酿啤酒。

啤酒花的生长

花轴（脊梗）
小苞片
鳞状苞片
蛇麻腺

蛇麻腺含有
树脂与精油

酿啤酒的"花"

从7月开始，啤酒花的花序会被由叶片变形而成的"苞片"覆盖。如果整个夏天的雨水与阳光相当平均，啤酒花的果实最后会长成漂亮的锥形。雌株的花苞内包藏着一种叫作蛇麻腺的腺体，会分泌树脂和精油，原本是为了吸引昆虫授粉，现在也吸引了啤酒酿造师。啤酒花的苦味分子α酸，有助于增添风味和保存啤酒，精油则可以让啤酒具备果香味和花香味。

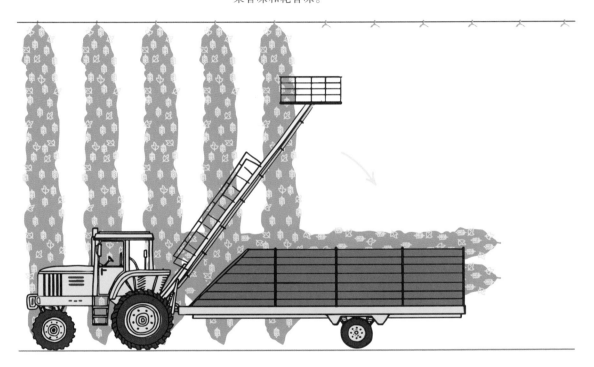

成长欣欣向荣

啤酒花适合温和的气候及透气良好的土壤。栽种者于2月埋下根茎（正在冒根的茎），大约4月开始冒芽。蹿出地面的幼茎上会长出有3—5枚叶瓣的叶子，让人联想到葡萄藤；接着它会攀上专为其准备的长铁丝，尽情伸展缠绕于木柱之间。到了6月成长期，啤酒花一天能长30厘米，长大的藤蔓可长达8米。

雌株果实收成

啤酒花和葡萄一样在9月收成。以前收成期一到，必须请一批临时工抓紧采收，辛勤地用双手采摘长满尖刺的果实。现在人力成本高，转而使用收割机将整株啤酒花收割，再利用机器来分离果实与枝叶。采收下来的果实经过干燥后迅速包装，以确保最佳保存状态。一株啤酒花一年收成一次，可连续开花结果十多年。

啤酒花的用途

啤酒花特殊的味道

啤酒花最初的用途是保存啤酒，其中的 α 酸具有抑菌作用，并非杀死细菌和其他微生物，而是阻止它们繁殖，以利于长期储存啤酒。α 酸有强烈的苦味，能刺激味蕾。当人的味蕾第一次与苦味相遇，会本能地产生厌恶，这是很正常的反应，也是人类演化的一部分——大自然中的许多有毒植物都带有苦味，我们的祖先学会了避开这种味道以免中毒，这种反应也就一直留存在我们体内。但是不用担心，啤酒花并没有毒。有些人一辈子都无法接受苦味，但大多数人可以通过慢慢训练，提高容忍苦味的门槛，最终能够愉悦地享受苦味。此外，蛇麻腺产生的丰富精油，令人联想到水果或草本植物的香气和味道（根据啤酒花的品种而异），让啤酒的味道更丰富。国际苦度值（International Bitterness Unit，缩写为IBU）即是测量啤酒花和啤酒的 α 酸含量的，同时也用来界定啤酒的苦味程度。

啤酒花可以抑制细菌和微生物生长，是天然的防腐剂

 ## 啤酒工业的新挑战

在过去30年内，啤酒工业一直处于动荡局面。小而美的精酿啤酒厂纷纷涌现，它们会在啤酒中加入大量啤酒花，比传统拉格啤酒还要多很多。它们也偏好由研究中心开发出来的具有更细致独特香气的新品种啤酒花。例如从20世纪70年代开始就相当受欢迎的卡斯卡特（cascade）啤酒花，因其葡萄柚的浓郁香气而闻名；美国加利福尼亚州的Sierra Nevada啤酒厂就用这种啤酒花酿出了第一批美式印度淡色艾尔啤酒（India Pale Ale，IPA）。这样的市场需求，促使栽种者更积极地培育盈利价值更高的新品种啤酒花。全球各大研究中心也摩拳擦掌，争相研发带有强烈香气的新品种。这种热情的必然结果，就是必须不断开垦土地来种植啤酒花以满足不断发展的啤酒业需求。

啤酒花果实与啤酒花粒

采收后的啤酒花雌株果实会立即拿去烘干，再压缩成啤酒花粒，方便长期保存。干燥的果实会被机器碾得粉碎，再压缩成细长条颗粒。这样做可以减少体积，便于库存，酿造时也能方便过秤。

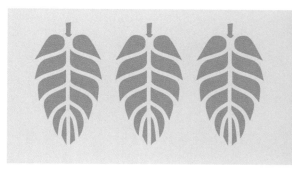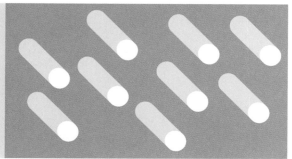

啤酒花的用途

名称	α酸	产地	香味特色	啤酒风格
肯特金牌 EAST KENT GOLDING	4.5%—7%	肯特郡（英国）	细致、香料、花香	淡色艾尔、世涛
法格 FUGGLES	3.5%—5%	肯特郡（英国）	花香、薄荷、草本	淡色艾尔、拉格、皮尔森
史翠赛斯柏 STRISSELSPALT	1.5%—2.5%	阿尔萨斯（法国）	香料、木质、草本	皮尔森、拉格、季节啤酒
密斯特拉 MISTRAL	6.5%—8.5%	阿尔萨斯（法国）	白色果子、玫瑰	白啤酒、拉格、季节啤酒
红胡子 BARBEROUGE	8%—10%	阿尔萨斯（法国）	红色果子	淡色艾尔
萨兹 SAAZ	2%—5%	波希米亚（捷克）	细致、草本、香料、花香	皮尔森
哈尔陶密特勒哈 HALLERTAU MITTLEFRÜH	3%—5%	巴伐利亚（德国）	细致、香料、柑橘	拉格、皮尔森、白啤酒、季节啤酒
卡斯卡特 CASCADE	4.5%—8%	俄勒冈（美国）	花香、柑橘	印度淡色艾尔
西楚 CITRA	10%—12%	俄勒冈（美国）	葡萄柚、热带水果	印度淡色艾尔
亚麻黄 AMARILLO	5%—7%	俄勒冈（美国）	柑橘、水蜜桃、杏桃	印度淡色艾尔
空知王牌 SORACHI ACE	11.5%—14.5%	日本	椰子、柠檬	白啤酒、淡色艾尔、印度淡色艾尔
银河系 GALAXY	11%—16%	澳大利亚	果香、芒果	淡色艾尔、印度淡色艾尔
尼尔森苏维 NELSON SAUVIN	12%—13%	新西兰	百香果、菠萝	淡色艾尔、印度淡色艾尔

水

啤酒成分有九成是水。水看似低调不起眼，
却是影响啤酒质量的关键。

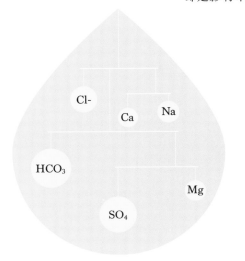

水是啤酒的基础

从发麦、搅拌到冷却，这些步骤都需要用到水。要酿造1升的啤酒，必须使用将近10升的水，因此水的质量极为重要，而质量首先取决于水分子的化学平衡。水最主要的特征是含有矿物质（碳酸氢盐、氯化物、钙、镁和硫酸盐等），啤酒的质量则受到水中矿物质比例的影响，稍微过量或不足都会影响淀粉酶跟酵母的作用，导致产生"不正确"的味道。不过倒不用太担心潜在的生物污染危机，因为水中的微生物会在酿造过程中被破坏掉。

水质会影响啤酒味道

水源好的地方，通常也会生产好酒，例如捷克的皮尔森市（Plzeň）。19世纪时，当地的啤酒商聘请来自巴伐利亚的酿酒师，利用当地的泉水酿制出全世界第一杯"金色啤酒"，人们称之为皮尔森啤酒（pils或Pilsner），成为日后畅销全球的啤酒类型之一。英国的波顿（Burton upon Trent）以密集的啤酒酿制厂闻名，穿过地下石膏层的河水富含硫酸钙，有助于突显啤酒花的味道，让这座城市的淡色艾尔啤酒（pale ale）备受推崇。

水是啤酒的基础

从前，酿酒师要配合水质的特性来选择合适的啤酒风格。随着工艺与化学的进步和发展，情况有了很大的改变。现今，大多数的啤酒厂都取用自来水系统所供应的水，至少安全性与质量管控都不需要担心。酿酒师会再根据水的结构，使用不同的方法改变水中的矿物质成分，借此改善水质。例如使用活性炭过滤器消除自来水的氯味和水管中的异味，或是加入乳酸或磷酸来降低水的酸碱值。

世界知名啤酒城市及其水质特性

参考数据：《如何酿造》，约翰·帕尔默（*How to brew*，John Palmer）

城市	都柏林	
啤酒风格	世涛	
钙	镁	碳酸盐
118	4	319
硫酸盐	钠	氯
54	12	19

城市	波顿	
啤酒风格	印度淡色艾尔	
钙	镁	碳酸盐
325	24	320
硫酸盐	钠	氯
820	54	16

城市	慕尼黑	
啤酒风格	梅尔森型啤酒	
钙	镁	碳酸盐
76	18	152
硫酸盐	钠	氯
10	5	2

城市	皮尔森	
啤酒风格	皮尔森	
钙	镁	碳酸盐
10	3	3
硫酸盐	钠	氯
4	3	4

单位：ppm

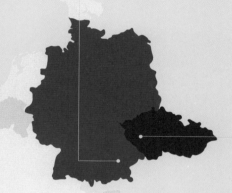

以烘烤麦芽软化水质

一般来说，啤酒的风味会受到当地水质的影响。例如都柏林的水富含碳酸氢盐，这个碱性介质会阻碍酶的功能，不仅无法将淀粉成功转化为糖，还会从麦壳中浸出涩口的酚类和单宁，让啤酒具有令人不悦的口感。在"修正"水质的技术出现之前，酿酒师发现在酿酒时加入少量的烘烤麦芽能避免啤酒出现"异样"的味道。就技术方面来说，烘烤过的谷物表皮能降低水的酸碱值。天纵英才的都柏林酿酒师深知利用当地水质的缺陷来突显烤麦芽的香气，酿出风味非凡的世涛啤酒。

酵 母

酵母是一种单细胞真菌，跟我们常吃的香菇一样属于真菌家族，
它能将麦芽汁当中的糖分转化为酒精和二氧化碳，并为啤酒增添特殊风味。

酿酒的神秘成分

没有酵母就无法制作发酵饮料，然而这个酿酒不可或缺的元素一直都非常神秘。以前的酿酒师会收集发酵槽顶端那层厚厚的泡沫，称作"高泡"（krausen），放入下一批啤酒的发酵槽中，只是他们并不清楚这个操作的意义。酵母的种类非常多，在生物学上被归类在真菌界，是单细胞的有机物。用来酿啤酒的酵母称为啤酒酵母（saccharomyces cerevisiae），也有人形容它们是"会吃糖并且制造啤酒的菌类"。

工作中的酵母

简单来说，酿酒师的工作是将酵母放入麦芽汁，也就是充满糖分的谷物浸泡液。酵母会从睡眠中苏醒，开始繁殖，在充满食物的环境中狂欢大吃几个星期，尽情吞噬麦芽汁中的可发酵糖（麦芽糖、葡萄糖等糖类）。吃完之后会产生有机废弃物（酒精、二氧化碳）和香气分子，例如带有果香味的酯类或辛香味的酚类。

酵母的培养

从前，酿酒师从将近一千年前流传下来的单一酵母品种，培育出多种具有不同特性的酵母菌株。有些酵母能产生独具一格的芳香，有些本身味道偏中性，有些则以耐得住高酒精浓度取胜。现在，不少啤酒厂会自行研发独一无二的酵母菌株，设立实验室进行分析和质量管控。不过大多数的啤酒厂仍倾向与专业的实验室合作，这些实验室能提供数百种不同类型的酵母。

敏感的酵母

酿酒时，如何维持酵母的质量是一大挑战。若是发酵条件不对，酵母就有可能产生"异样"的味道，闻起来像指甲油或火箭燃料都有可能！不良的发酵环境也会让发酵过程提早结束，导致啤酒难以入口。此外，为了避免病原体污染，卫生条件一定得摆在第一位。酿酒师凭着知识和多年积累的经验，挑选与心目中啤酒风格相符的酵母菌株，并根据酵母的新陈代谢能力提供适当的发酵条件（尤其是温度），让酵母心甘情愿地好好工作。

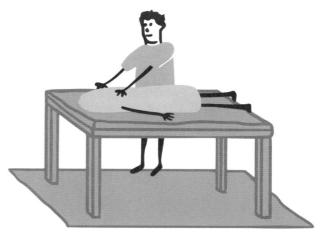

 酿葡萄酒与做面包过程的啤酒酵母

现在大家用来做面包的酵母，其实源自啤酒酵母菌株。以前，酿酒师会将沉淀在啤酒槽底部的酵母糊卖给面包师傅。同样的道理，酵母与面团结合时，会吃掉面团中可利用的糖分，产生二氧化碳让面团膨胀。

此外，啤酒酵母的发酵事业还延伸到了葡萄酒产业。如果葡萄酒农使用人工培育的商业酵母来酿酒，那就是啤酒酵母的亲戚在执行发酵任务。

发酵过程

上层发酵还是下层发酵？两者的不同之处在于使用的酵母种类不同。
这也是区分艾尔（ale）与拉格（lager）两大啤酒阵营的标准。

酵母	啤酒酵母
温度	15℃—25℃
发酵期	3—8天

酵母	葡萄汁酵母
温度	8℃—15℃
发酵期	数星期，甚至数个月

上层发酵

使用传统的啤酒酵母，酿出来的啤酒带有水果或香料等特殊气味，酒体较厚实，酒精含量可高达12%，最佳饮用温度为6℃—12℃。盎格鲁 – 撒克逊人称这种啤酒为艾尔，也就是英文中"啤酒"的古词。

下层发酵

使用葡萄汁酵母，进行低温长时发酵，不易变质，适合大规模生产，从19世纪开始受到啤酒工业青睐。这种方式酿的啤酒叫作拉格，源自德文lagern（意为窖藏）。拉格的口感比艾尔更清爽，酒精含量更低，香味更细致，麦芽与啤酒花的风味相当明显。

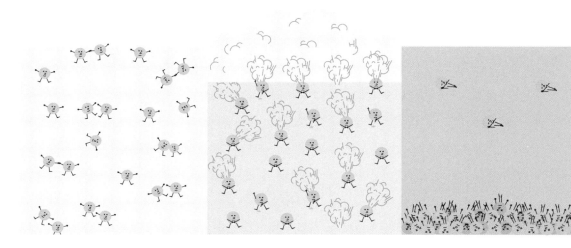

1. 细胞分裂

在麦芽汁内添入酵母之后，酵母菌开始消耗周围的氧气并进行分裂繁殖。

2. 发酵

酵母菌会吞噬糖分，制造酒精、二氧化碳以及其他种类的香气分子（酯类、酚类、丁二酮……）。麦芽汁表面会覆盖一层充满酵母菌的厚厚泡沫，称作高泡。

3. 熟成

当糖分越来越少，酵母菌会重新吸收一些分子，例如丁二酮，使啤酒风味更为细致。代谢完成的酵母菌会逐渐死去或进入睡眠状态，沉淀于啤酒槽底部。这时啤酒已差不多完成，可以准备装瓶了。

其他的发酵好帮手

酵母家族（saccharomyces）是发酵狂欢节的女王，
某些特定的微生物也是炒热发酵气氛的高手。

酒香酵母家族
Brettanomyces

这类野生酵母通常存在于水果表皮，主要用于酿制比利时的古兹（gueuze）与兰比克（lambic）啤酒，可以产生独特的味道与酸味。使用酒香酵母的啤酒，在经过漫长的发酵之后，口感和味道都会变得具有更多可能性，能够保存数年甚至数十年。

乳酸杆菌
Lactobacillus

我们的生活环境中随处可见乳酸杆菌，主要用来制造奶酪与猪肉腌渍品，算得上是人类最古老的发酵帮手之一。以前，人们有点担心乳酸杆菌会"破坏"啤酒的风味，不过随着酸味啤酒强势回归，大家对它们又重拾信心。无论如何，利用乳酸杆菌发酵一定要小心，失控的话会产生帕玛森干酪或是婴儿呕吐物的味道。

醋酸杆菌
Acetobacter

醋酸杆菌常以果蝇为传播媒介，会使食物产生具有醋味的乙酸乙酯，大部分时候会让人们以为食物坏掉了。其实只要好好管控，醋酸杆菌能赋予古兹、兰比克和其他木桶熟成的啤酒非常经典的风味。

糖分与香草植物

酿啤酒时，没有义务一定得遵守谷物配啤酒花的"一夫一妻制"。
在配方中加入其他原料，可使酿制过程更活泼，赋予啤酒更丰富的味道。

糖

简单又便宜的原料，主要功能是提高酒精含量。一般的糖（蔗糖或葡萄糖）不会留下什么味道，因此若使用带有焦糖香气的糖，例如冰糖或红糖，应该会很有趣。同样地，蜂蜜里的糖也可以发酵。酿酒师会优先使用香气明显的蜂蜜，使啤酒带有花香的尾韵。

木桶熟成

高卢时代的工匠发明木桶后，它就变成了装啤酒的"御用"容器，一装就是好几个世纪，直到20世纪才被金属酒桶取代。最近木桶再度流行，被用于3—10年的啤酒熟成作业，重点是为了让啤酒吸收木桶的香气：法国橡木桶有香草与香料风味，美国橡木桶则带有椰子与花香的味道。使用回收橡木桶来熟成啤酒极为常见，残留在橡木桶中的气味能赋予啤酒新的风味。例如酿制干邑、威士忌或波本威士忌的酒桶带有圆润温暖的气息，能让帝国世涛啤酒（imperial stout）风味更完备出色。葡萄酒桶通常会带有微生物，这些微生物会继续在啤酒中发育，产生独特的果味和酸度，例如佛兰德斯红色酸啤酒（Flanders red ale）。

有些法令会将啤酒的定义局限在水、大麦麦芽、啤酒花与酵母的组合，例如巴伐利亚知名的"啤酒纯酿法令"（Reinheitsgebot），让德国啤酒厂在国内一枝独秀，却很可惜地抹煞了改革与创意的可能性。甚至不久前，

法国还禁止谷物与啤酒花的发酵饮料中含有蜂蜜等糖分，否则不能称为"啤酒"。不过世界上其他地方倒是很少有此类限制，人们毫不犹豫地使用其他原料来提高酒精度、改善啤酒味道或是延长保存期限。

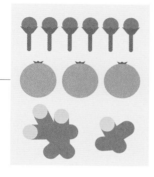

香料与香草植物

盐、新鲜坚果、咖啡，啤酒的添加物充满无限可能。有些酿酒师仿效古法，模仿人们在开始使用啤酒花酿酒之前，在啤酒中添加香草植物（例如薰衣草、迷迭香）。最大的挑战在于如何取得平衡，让植物的香气与麦芽、啤酒花和酵母的味道能和谐共存，而成败完全取决于酿酒师的功力。从植物的茎、叶或种子制作成的香料，通常必须放入麦芽汁煮至沸腾才能让香气完全释放。花朵的精油比较脆弱，只需浸泡即可取其香气。有些啤酒风格以添加香草植物成为注册商标，例如荷兰与比利时的小麦啤酒（witbier），添加芫荽籽及苦橙皮原是为了保存啤酒、改善味道，后来成为其特色象征。

水果

目前发现的最古老的啤酒，来自中国九千年历史的遗迹，由米和水果酿制而成。古埃及人的啤酒则添加了甜度很高的椰枣，以增加酒精含量。有些地区以水果啤酒闻名，例如比利时的樱桃啤酒（kriek），是在发酵结束时放入整颗樱桃进行二次发酵制成的。每种水果都会使啤酒产生不同的特色，香气可能来自果皮、果肉或果汁。用覆盆子酿制的啤酒闻起来就会有覆盆子香味，但水蜜桃则是很微妙地让啤酒带有杏桃的香气。

精酿啤酒VS工业啤酒

工厂大量酿制和小到类似家庭式酿酒厂生产的啤酒，真的需要一决高下吗？
两边阵营的产品和所追求的目标，有非常明显的差别。
喝哪一种啤酒才好，应视你自身的需求而定。

啤酒巨人

2017年，全球半数的啤酒市场由三大品牌主导：百威英博
（AB InBev）、喜力（Heineken）和嘉士伯（Carlsberg），
这三家企业旗下共有大约800个品牌。人们对这"三巨头"
的批评，主要是因为它们缺乏雄心壮志，只是一味地提供
拉格啤酒，唯一的优点大概就是酒精度低且清凉解渴。

瞄准顾客

然而过去20年来，为了巩固并开发新市场，大型企业也开
始重视"特色"啤酒。这类啤酒通常属于上层发酵，可酿
出各种鲜明的滋味。啤酒大厂也开始锁定特定族群（女性
或年轻人）进行市场调查，尝试酿制新产品，例如水果啤
酒，并且配合营销活动。

新参与者

啤酒爱好者当然不可能满足于口味单调的工业啤酒。在20世纪80—90年代的
啤酒界，小虾米也有可能与大鲸鱼一较高下。例如位于内华达山脉、从自家
厨房起家的Boston Beer Company，现已成为美国知名的精酿啤酒品牌，年产
上万升啤酒，销往全世界。

酿造过程

无论产量多寡，酿制啤酒的基本步骤大致上是一样的。微型酒厂100升的啤酒槽，与工业巨头3万升的啤酒槽，差别只在于设备规模，还有对酿造过程的掌控度。不管生产能力大还是小，都无法百分之百地预测啤酒最终呈现的质量，一切都取决于原料质量与酿酒师的技术。

口味的选择

工业啤酒与精酿啤酒的差别，主要在于消费者对于口味的选择，尤其是喜爱带有明显啤酒花风味的消费者。因为在以前，啤酒花带来的苦味常被视为"丢脸"的瑕疵。然而许多独立啤酒厂采取创新的手法，例如提供限量季节性啤酒，或是胆大心细地尝试新的酿制技术，最终从单调的啤酒市场中脱颖而出。

年产量小于
2000万升

经济独立

独立设备

精酿啤酒厂究竟是什么？

"精酿啤酒厂"与"工业啤酒厂"相比，概念还相当模糊，目前没有确切的定义。然而法国法律保留了"微型独立啤酒厂"的概念，将精酿啤酒厂定义如下：

- 年产量低于2000万升。
- 在法律上与经济上独立于其他酿造厂。
- 有独立的酿造设备，不与其他酿造厂共享。
- 不借用别家的商标来售卖啤酒。

精酿啤酒生产者

美国是引领啤酒革命风潮的啤酒大国，美国酿酒者协会（American Brewers Association）也制定了和法国类似的规范，来定义精酿啤酒生产者或"手工啤酒"酿酒师，但多了几项非强制性的规定，例如：

- 使用麦芽作为主要原料，而非工业啤酒大量使用的玉米或米。
- 要有创新精神，有能力重新演绎经典啤酒风格并加以改变。
- 回馈当地社区，尤其通过慈善行动更好。

弱肉强食

近年来，老字号的大型酒厂与无畏无惧的小型酒厂，两者之间的界线越来越模糊。知名啤酒品牌百威毫不犹豫地在广告中贬低精酿啤酒的狂热爱好者，其母公司百威英博集团却在2011年收购了芝加哥引以为傲的Goose Island精酿啤酒厂。无独有偶，喜力也于2015年买下了加利福尼亚州著名的Lagunitas精酿啤酒厂，借机投资深具潜力且逐年增长的新消费族群（占市场总销售值的10%—15%）。

在家酿啤酒

不必太惊讶，只要准备好原料和工具，人人都能在家酿啤酒。

酿制技术

既然酿多酿少都是一样的方式，别犹豫了，趁机大显身手吧！自酿啤酒才在欧洲起步不久，但是在北美地区已经发展得相当成熟，有很多酿酒器材的专卖店、酿酒教科书和专业教学网站。原料的成本也很低，只要十几欧元（约100元人民币）就能酿出20升的啤酒。你需要"花费"最多的将会是时间。如果你能严守卫生条件的标准，就可以酿出值得骄傲的、可以和朋友分享的啤酒。酿造啤酒与制作甜点一样，都需要精确测量，也需要对操作程序有透彻的了解。酿造或发酵过程中，温度只要差个几摄氏度，就会大幅影响最后的结果。

必备工具

搅拌槽

可以直火加热或用电炉加热的简单大锅，主要用于清洗、煮沸和糖化步骤。

发酵桶

最适合用来发酵的容器是大瓶子（大型玻璃瓶之类）或带有水龙头的塑料桶。

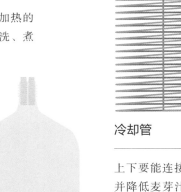

冷却管

上下要能连接水管，主要用来散热并降低麦芽汁的温度，才能投入酵母进行发酵。

空气锁

进行发酵时，用来锁住发酵桶或发酵瓶，作为发酵容器内外唯一可以让二氧化碳流通的接口。

在家酿啤酒的三种方法

新手版

简易版

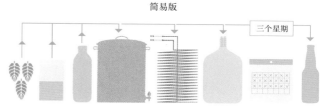

新手版：有啤酒花的麦芽糖浆

这个版本只需要准备一个发酵桶，是送给第一次体验酿酒初心者的完美礼物。只要将浸泡了啤酒花的麦芽糖浆用热水稀释，然后放入酵母即可。酿造者既不需要费心处理配方，也不用考虑啤酒的口味，只要看着它顺利发酵就能心满意足，并且体会从搅拌到品尝还需耐心等候一段时间（三个星期）的心情。在开始投资豪华酿制设备之前，可以先试做看看。

简易版：固体麦精

干燥麦芽萃取粉是将麦芽汁蒸发后得到的含糖粉末，用以取代发芽的谷物，只要改变配方的分量即可。大部分的麦芽都可以做成干燥萃取粉，将粉末以水溶解之后，只要加入啤酒花即可开始进行发酵。这个方法不但能省去购买磨麦芽机的成本，也能直接跳过糖化与洗槽的步骤。

完整版

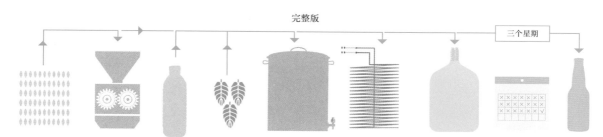

完整版：以谷物为本的酿造法

使用完整麦芽，自行磨碎之后进行糖化步骤，让淀粉转化为糖分，再泡入啤酒花，冷却后放入酵母。这个酿制版本的难度在于温度的控制以及过滤的质量，不过做起来会非常有成就感，尤其是像祖先一样以搅拌棒搅拌麦芽汁的时候。通过这个方法，你就可以自己决定啤酒的风格和特色。

自己种啤酒花

种啤酒花不但自给自足,让自酿啤酒具有独特风味,还能美化自家花园。

为什么要自己种啤酒花?

如果你是热爱啤酒的业余酿造者,答案应该非常明显。两年之后,你就能预期收成2千克的新鲜啤酒花。而且不论如何,从5月到9月,你都能欣赏生气勃勃的啤酒花在院子里尽情伸展的美丽姿态。它会让你的花园绿意盎然、凉爽舒适,与任何植物搭配造景皆无违和感。如果你只有阳台,也可以将啤酒花种在花盆里,让啤酒花藤蔓顺着栏杆茂盛生长。只是要特别注意,别忘了浇水。

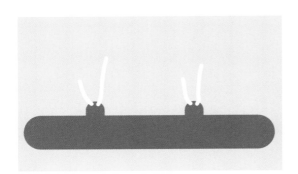

购买幼苗

如果只是为了装饰庭院,买花园专用的金黄色啤酒花种子即可,但那种不适合用来酿啤酒。如果你是业余酿酒人士,可以买啤酒花的根茎或幼苗,或者上网搜寻,找找哪里有卖合意的品种。不过植物的进出口买卖有非常严格的规定,这是为了防止病毒或疾病传染,请务必遵守。

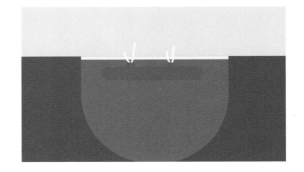

栽种

适合的栽种季节通常在4月中旬。头一年先将啤酒花的根茎种在花盆中,长出嫩芽后再移到院子里。土壤必须具有良好的排水性,避免黏质土壤以免滞留水分。挖一个50厘米深的洞,再填入混了肥料的土壤,将发芽的根茎种在离土表5厘米深的地方,然后把洞填满,在表面铺上稻草或麦秆。当第一批啤酒花茎长到十多厘米时,将同一个根茎的植株筛选三株留下,把其他的剪掉。

搭建支架

啤酒花是需要支架的攀藤植物，第一年会长到5米长，几年后最长可达10米。你可以将它种在栅栏旁，它的藤蔓会形成一片植生墙。必须注意的是，你的支架必须要能支撑长大成熟的植物重量。你可以在地面与建筑或树干之间拉几根长绳，让啤酒花藤蔓长成一片绿荫"屋顶"，在炎炎夏日就是乘凉好去处。

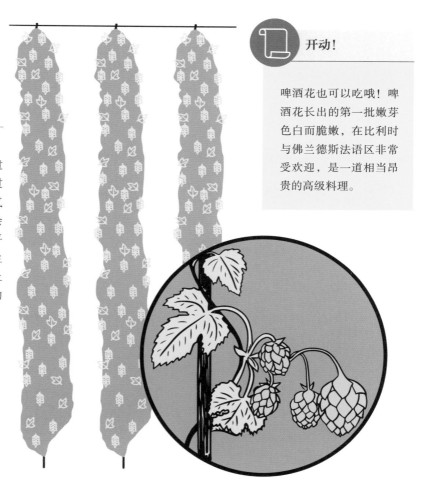

成长

啤酒花于5月初开始蓬勃生长，一天能抽高20厘米。它在生长过程中需要大量水分，但也不能过量（记住排水很重要）。如果气候干燥，花苞中的α酸含量会变少，但精油成分会增加。平时要记得巡视，并用手摘除寄生虫。7月时，啤酒花藤蔓会停止生长，开始开花，并结出锥形的果实。

开动！

啤酒花也可以吃哦！啤酒花长出的第一批嫩芽色白而脆嫩，在比利时与佛兰德斯法语区非常受欢迎，是一道相当昂贵的高级料理。

收成

北半球的啤酒花通常在8月底至10月中旬收成，具体情况要视地区、气候与啤酒花的品种而定。收成的果实必须是绿色的，表面没有晒成褐色的痕迹，而且散发明显的香气，表面摸起来的触感类似树脂。如果不确定是否所有果实都已成熟，可以先收成再进行挑选。从底部将茎切下，平撒于地面，不要的果实可作为滋养土壤的堆肥。收成之后放置于阴暗处，尽快进行脱水的程序。若是量少，烤箱温度只需要30℃。烘干时要记得不时翻动，烘好的果实就能用于酿制啤酒了。还没用上的果实可放在不透明的密封容器中保存，可作真空处理的话更好。

啤酒的气泡是从哪儿来的?

啤酒的气泡不只迷人,还能让味蕾感觉到愉悦。
气泡犹如一个个小魔术师,轻盈曼妙,让啤酒更具魅力。

幸福在气泡中闪闪发亮

气泡可以说是酒类饮品的最大享受,带来愉悦与轻快的感觉,让餐宴充满如同节庆般的欢乐气氛。"来一点气泡吧?"这句话通常代表可以好好放松一下了。这些喧腾跳跃的气泡,都是酵母辛勤工作的成果。在发酵过程中,酵母吞噬糖分,制造出令人放松的酒精与二氧化碳。舌头的温度将唤醒啤酒中的气泡,气泡也轻轻地撩拨着味蕾。气泡散发之后,最细致的香气也会跟着散发出来,芬芳扑鼻。

啤酒是到了近代才变成"有气泡"的饮料的,这要归功于机械设备的改良,让酒厂有办法将二氧化碳加压保存在玻璃瓶或金属罐内,一开瓶酒就能冒出气泡。

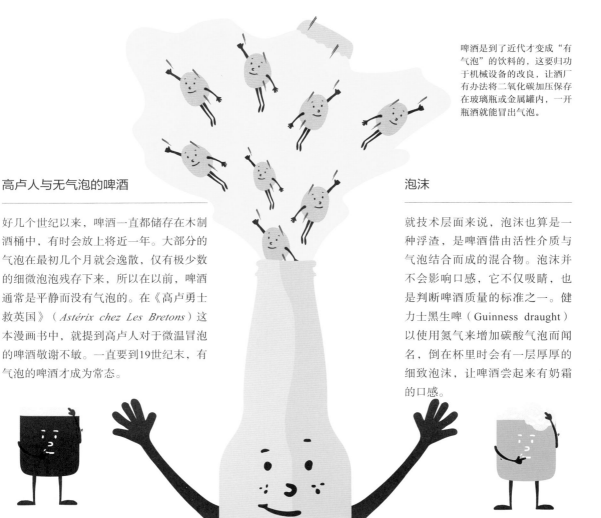

高卢人与无气泡的啤酒

好几个世纪以来,啤酒一直都储存在木制酒桶中,有时会放上将近一年。大部分的气泡在最初几个月就会逸散,仅有极少数的细微泡泡残存下来,所以在以前,啤酒通常是平静而没有气泡的。在《高卢勇士救英国》(*Astérix chez Les Bretons*)这本漫画书中,就提到高卢人对于微温冒泡的啤酒敬谢不敏。一直要到19世纪末,有气泡的啤酒才成为常态。

泡沫

就技术层面来说,泡沫也算是一种浮渣,是啤酒借由活性介质与气泡结合而成的混合物。泡沫并不会影响口感,它不仅吸睛,也是判断啤酒质量的标准之一。健力士黑生啤(Guinness draught)以使用氮气来增加碳酸气泡而闻名,倒在杯里时会有一层厚厚的细致泡沫,让啤酒尝起来有奶霜的口感。

如何保留气泡?

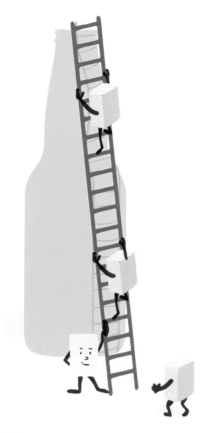

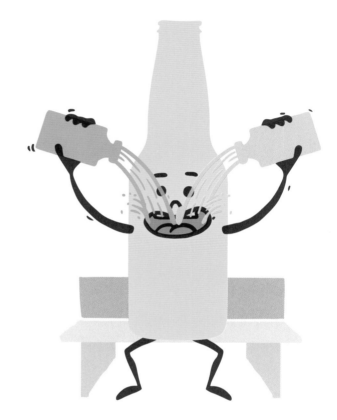

瓶中发酵

这个方法又称为"香槟酿造法"(métho dechampenoise),时常被视为质量与正统的保证,也是让啤酒维持大量气泡的最简单且最便宜的方法。酿酒师使用未经过滤与消毒、仍旧保有活酵母的啤酒,在装瓶或装罐前添加少量的糖(大约每升啤酒兑7克糖),然后将啤酒封瓶,并升温至20℃。这时原本沉睡的酵母会再次醒来,吃掉添加的糖分,进行二次发酵。在封闭的瓶罐中,发酵产生的二氧化碳因处于高压状态,会溶解于啤酒中。直到开瓶之后,压力下降,二氧化碳才纷纷化作气泡。

注入二氧化碳

这是工业啤酒厂最常使用的方式,因为它们生产的啤酒都经过消毒及过滤,几乎没有酵母可以存活下来。发酵过程中产生的二氧化碳会被另外收集起来,经过除臭步骤后储存。装瓶时再将这些二氧化碳重新注入酒瓶之中,二氧化碳同样会因为压力而溶解于啤酒中。送到酒吧的生啤酒也是用同样的方法在酒桶中注入二氧化碳的。

关于啤酒的数字

你可以借由关于啤酒各方面的数据来了解啤酒。

1/3

在全球的酒类饮料消费市场中，
啤酒占了三分之一。

1/4

全世界有四分之一的啤酒在中国制造，
全球销售量最多的
也是中国的啤酒品牌——
雪花啤酒。

148

捷克是个热爱啤酒的国家，
每人每年平均消费148升啤酒。
相比之下，法国简直是小巫见大巫，
每人每年的平均消费量为32升。
在所有有饮酒习惯的国家当中，
最小儿科的是印度，虽然是大麦生产国，
但每人每年的平均消费量只有2升。

全球啤酒消费量（每人每年平均消费量／升）

美国
介于100—140升

爱尔兰
超过140升

墨西哥
介于70—100升

毛里塔尼亚
低于5升（包括0升）

中国
介于30—70升

坦桑尼亚
介于5—30升

140

美国啤酒评审认证协会（BJCP）
编录的啤酒风格数量。

300

目前已列入记录的啤酒花品种数。
每年都会有新的品种出现。

3

酿造优质啤酒所需的最短时间
为3个星期。

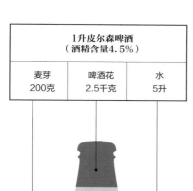

1升皮尔森啤酒 （酒精含量4.5%）		
麦芽 200克	啤酒花 2.5千克	水 5升

88

全球卖得最好的拉格啤酒所含的
热量为每250毫升88卡路里。
同样容量的汽水为125卡路里。

1100

截至2017年4月，
法国所有正在营业中的啤酒厂数量。

20亿

2016年，
法国的啤酒总消费量（升）。

200亿

全世界啤酒的
平均年产量（升）。

5—10

酿制1升啤酒所需要的水量（升），
包含洗槽与冷却需要用的水。

啤酒的亲戚

无论是用谷物还是水果作为原料，
人类在酿造发酵饮品时总是有满满的想象力。

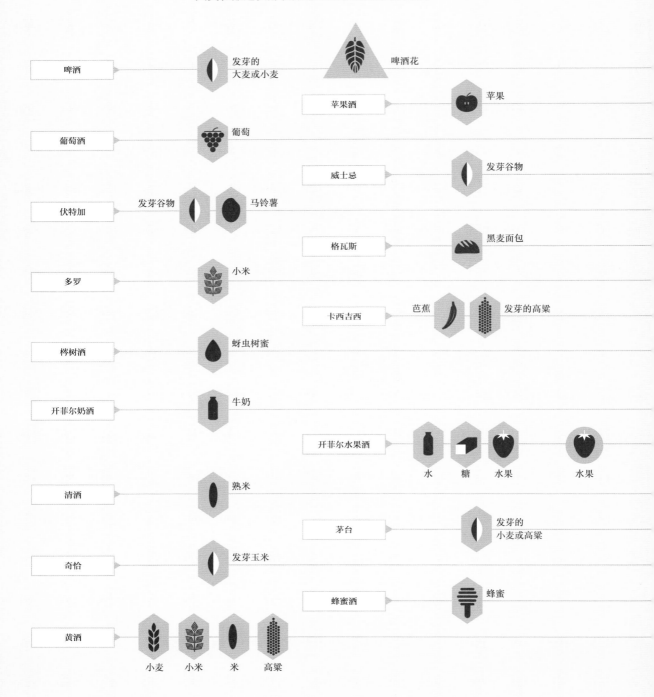

啤酒 → 发芽的大麦或小麦　　啤酒花

苹果酒 → 苹果

葡萄酒 → 葡萄

威士忌 → 发芽谷物

伏特加 → 发芽谷物　马铃薯

格瓦斯 → 黑麦面包

多罗 → 小米

卡西吉西 → 芭蕉　发芽的高粱

梣树酒 → 蚜虫树蜜

开菲尔奶酒 → 牛奶

开菲尔水果酒 → 水　糖　水果　水果

清酒 → 熟米

茅台 → 发芽的小麦或高粱

奇恰 → 发芽玉米

蜂蜜酒 → 蜂蜜

黄酒 → 小麦　小米　米　高粱

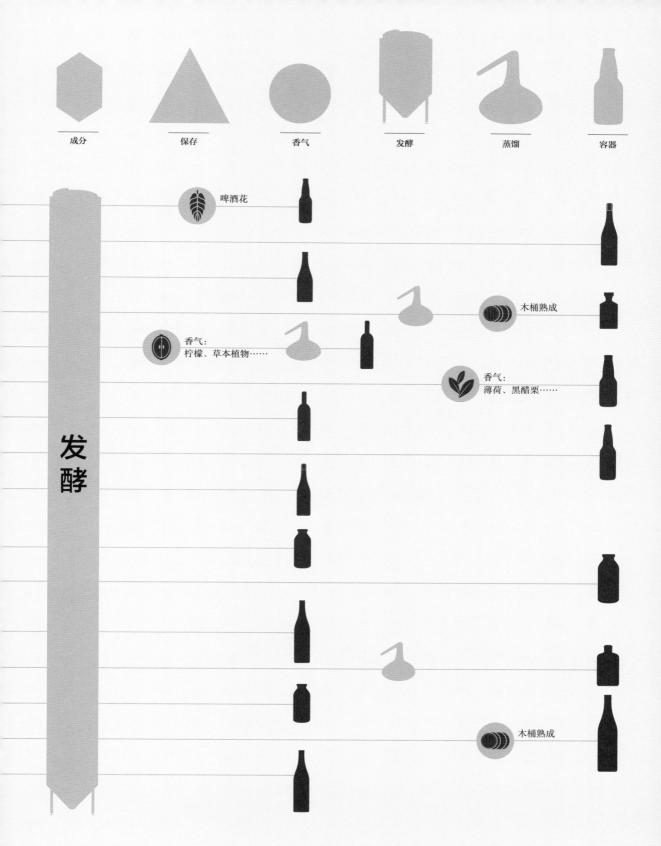

成分　　　　　保存　　　　　香气　　　　　发酵　　　　　蒸馏　　　　　容器

发酵

啤酒花

香气:
柠檬、草本植物……

木桶熟成

香气:
薄荷、黑醋栗……

木桶熟成

苹果酒

虽然现在不怎么流行喝苹果酒，不过在19世纪时，它曾是法国消费量第二多的饮料，仅次于葡萄酒。这种由苹果皮上的酵母所发酵的苹果汁，可分为甜与不甜两种风格。不甜的苹果酒会让酵母吃掉所有糖分，因此发酵时间比较长。

葡萄酒

葡萄酒所使用的不是我们平常吃的葡萄，而是专门用于酿酒的葡萄。发酵时使用野生酵母（啤酒酵母的表兄弟），某些酿酒师也会使用商业酵母。当所有的糖都被酵母吃光，或者酒精浓度高到阻碍酵母发酵时，即停止发酵。

威士忌

威士忌也是由大麦的麦芽酿制，一开始的发酵步骤和啤酒差不多，只是没有加入啤酒花。发酵完成后，经过多次蒸馏，使酒精更为浓缩，最后放入橡木桶熟成数十年，让威士忌吸收木桶特有的香味。

伏特加

伏特加是以发酵的马铃薯（有时是大麦芽或小麦芽）蒸馏而成，本身没有什么特殊的味道（也可以说是很"纯粹"的味道），其香气来自额外添加的香味元素，例如柠檬、茅香（野牛草）、辣椒、桦树、荨麻、胡椒等。

格瓦斯

苏联解体后，格瓦斯销声匿迹了一段时间。这种原本在俄罗斯和乌克兰相当流行的低酒精（2%）饮料近几年又强势回归，甚至开始以工业规模大量生产。传统的格瓦斯是以黑麦酿制的朴素啤酒，现在则用黑麦面包（具有香料与辛辣味道）和糖（以水果和薄荷衬托）混酿。

清酒

某些不了解清酒的欧美人士，会用它来指称所有来自亚洲的酒类。真正的日本清酒是用米酿制而成的。先将米蒸熟，再利用附着在米上的曲菌将淀粉转化成糖（直接跳过发麦的阶段），接着让酒母（清酒酵母）接手继续发酵。成品的酒精浓度在10%—14%之间，饮用方式冷热皆宜。

蜂蜜酒（hydromel）

曾经在希腊和高卢非常流行，以蜂蜜为发酵原料，酒精含量在10%—16%之间，常会装进橡木桶中陈年。

茅台酒

茅台酒是用高粱和小麦酿制而成的，经过多次发酵与蒸馏后，装在陶壶中存放5—20年。它被视为中国最好的烈酒之一，常被外交官当作外交馈赠之礼。

橡树酒（frenette）

这种饮料曾在法国北部非常流行，但现在已变得相当少见。蚜虫吸取橡树叶的汁液后，会留下一粒树蜜，换句话说，就是一滴甜的排泄物；人们就是用它来发酵橡树酒的。它的酒精含量很低，在1.5%—3%之间。

黄酒

这种中国传统烈酒以未发麦的谷物粥（小麦、小米、米或高粱）为原料，并以根霉、酵母等微生物（也就是曲）进行发酵，成品的酒精度可达到20%。虽然它的成分接近啤酒，但口感却更类似葡萄酒。

多罗

马里与布基纳法索的传统酒类，以发芽的粟米发酵而成。由于多罗的酿制时间很短，早上酿，下午就可以饮用了，所以它的发酵程度和酒精含量都很低。

奇恰（chicha）

这种以玉米为原料的饮料，历史可以追溯到哥伦布发现新大陆之前的中南美洲文明，至今在安第斯山脉的众多国家仍然非常流行。传统酿制方式会先咀嚼谷物，让唾液中的酶将淀粉转化成糖，这个步骤现由发麦取代。

卡西吉西（kasi-kisi）

坦桑尼亚、乌干达、卢旺达与布隆迪的特产，酒精含量介于5%—15%之间。芭蕉含有丰富的淀粉质，人们将它挤压成泥，并于发酵前加入高粱的麦芽。

开菲尔奶酒（kéfir）

起源于高加索地区，传统的开菲尔由牛奶酿制而成。人们在牛奶中加入开菲尔粒（乳酸菌和微生物的混合物），将牛奶变成能长时间保存的清爽酸性饮料，有点类似酸奶。开菲尔水果酒则是在糖水中加入水果和开菲尔粒。

无醇啤酒

即使没有酒精，啤酒仍然是啤酒，尝起来的味道也同样美妙。

酒精含量低于1.2%

酒精含量低于1.2%的啤酒，才符合法国的无醇啤酒规定。你可能会很惊讶，不是叫作无醇啤酒吗？为什么还是含有酒精？立法者认为这种产品很难让人喝醉，在饮用的同时，身体有足够的时间代谢酒精，因此判定这样的法律定义没有问题。不可否认的是，它的酒精含量的确非常低，但是对于正在戒酒、禁酒或因宗教禁令而不饮酒的人来说仍然是个问题。

酿制无醇啤酒的三种方法

低密度酿制

酿酒师挑选出少量的麦芽，淀粉减少了，糖分也会变少，最后酒精也会变得很少。发酵时间因此而缩短，所以啤酒的风味也不会太好。

膜过滤发酵

发酵过的啤酒利用膜过滤技术，将乙醇分离。不过这种方法的缺点就是会同时去除某些香气分子。

蒸馏

将啤酒加热，让酒精蒸发。不过乙醇的沸点是78℃，这个温度可能会破坏啤酒的味道。诀窍是将啤酒保持在真空状态，即可以有效地降低沸点，得到零酒精的啤酒。

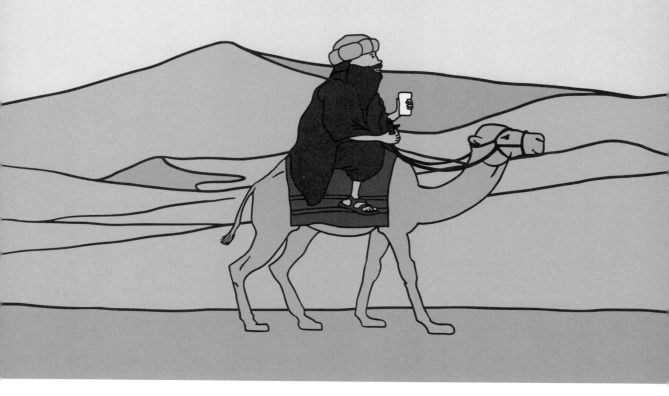

无醇啤酒的成功

无醇啤酒正在全世界的啤酒市场攻城略地，一些大品牌也纷纷跟风，推出经典风格啤酒的无醇版本，并且强调甜而不苦的味道。

攻占世界

中东国家的消费者，大约占了无醇啤酒市场的1/3。听起来颇令人吃惊，这个地区的主流宗教禁止酒精，人们竟然也能享用啤酒！事实上，宗教对酒精的包容态度是最近才开始的。至于阿尔及利亚、突尼斯和埃及等国家，自20世纪以来就与西方国家有长期往来，自然也有饮酒与酿酒的习惯。

 无酒精的味道究竟如何？

虽然无醇啤酒的势力不断扩大，但也必须承认，它的味道并不一定像你所期望的那样。罪魁祸首当然是大型工业啤酒厂，它们将无醇啤酒与汽水归为同一层次，一味强调清凉解渴的味道，却忽视该有的美味。微型啤酒厂则带来相对有趣的改变，它们会试图复制最精彩与最流行的啤酒风格，制作成无酒精的版本。例如Brewdog啤酒厂的Nanny State，仅含有0.5%的酒精，但印度淡色艾尔啤酒的特色一样不少。法国的La Débauche啤酒厂则有一款绝佳的世涛啤酒Wild Lab，酒精含量仅为0.8%。

史前时代的啤酒

演化史上可能忘了记载，
人类的祖先从很久以前就开始酿啤酒、喝啤酒了。

很久很久以前……

人类最早的祖先有可能是史前时代的大型灵长类动物，以两足行走、过群居生活的类人猿。在水果成熟的季节，它们会跟猴子一起捡食从树上掉下来的果子，尤其是那些闻起来味道强烈、口感绵软的果实。不仅是为了填饱肚子，也因为这种果实会让它们感觉特别开心。

发酵的出现

猿类慢慢演化成为人，生活形态转变为狩猎与采集，也学会缝制动物的皮毛或编织植物纤维来做衣服。在食用打猎得来的肉类之前，他们会先放置几天，好让肉变得更容易消化。于是人类就在这样误打误撞的情况下，开始利用"发酵"技术。

不断发明

新的创造与发明逐渐改变了人类的饮食习惯。首先是陶器的问世，有助于储存食物，还可以从树上采集水果或树的汁液，例如棕榈树。野生酵母就在这些浓缩的甜汁液当中开始发酵，并产生大量的酒精。

艺术与宗教

虽然没有直接证据，不过我们可以猜想，在人类部落中，最早开始分享酒精饮料的人们一定非常开心。愉悦的气氛伴随着笑声，比起互相抓虱子更能促进人与人之间的情感交流。这些酒精饮料改变了人类的思想进程，很有可能为形而上的哲学提供了灵感，催生了艺术与宗教。

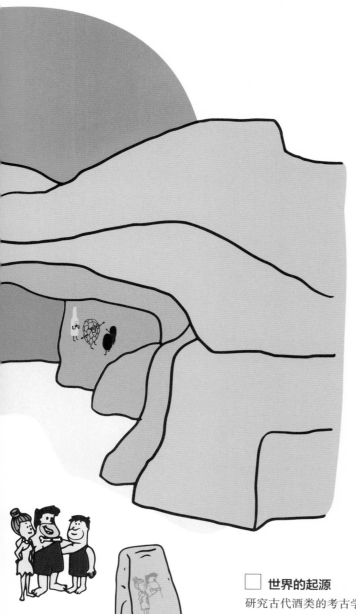

☐ 幸福的机遇

在之后的数百年，人类部落年年共享醉酒狂欢的仪式，啤酒就在偶然的机遇下诞生了。某天，在地中海与中国之间的某个地方，有个人准备用发芽谷物煮粥，煮好之后却把粥放着忘记吃了……

☐ 啤酒问世

几天之后，这个人尝了一口他的粥，发现粥变酸了，而且跟发酵的果汁一样让人感觉晕乎乎的。聪明的祖先很快就明白，原来他们可以用谷物酿造令人陶醉的饮料，而且不用受季节限制。只是他们还不知道，这些原始啤酒富含的维生素，比谷物粥更有营养。

☐ 鸡生蛋，蛋生鸡？

考古学家一直为这个问题所苦恼：到底是先有农业，还是先有啤酒？目前似乎更多的人站在先有啤酒这一边。最近发现的哥贝克力石阵（Göbekli Tepe）遗址位于安纳托利亚高原，有11 600多年的历史，比第一批农业出现的时期还要早。考古学家在遗址中发现了装有谷物发酵饮料的容器。

☐ 世界的起源

研究古代酒类的考古学家帕特里克·麦戈文（Patrick McGovern）认为，酒是新石器革命的社会动力。换句话说，人类第一批种植并使用的作物（大麦），有一部分是为了大量酿制酒类。若根据这个解释，从某种程度上来说，啤酒可以算是现今农业与群居文明的起源。

CHAPITRE

N° 2

啤酒到底怎么买?

几年前，人们习惯从大卖场或超市购买啤酒。
随着精酿啤酒的发展，酒厂研发出更多不同类型的啤酒，
啤酒的销售渠道也有了新局面:
酒厂直营门市、啤酒专卖店、网络商店……
太多新选择让你不知何去何从吗?
在此为渴求新知的消费者指点迷津。

啤酒何处买？

啤酒的供应方式越来越多样化，新的销售与消费形态应运而生。

啤酒厂直营店

饮酒思源，直接在啤酒厂购买

如果你喜欢某品牌的啤酒，也许可以去它的啤酒厂一探究竟。不过最好事先打听清楚，若是贸然前往，很可能会看到一个忙得不可开交、手里拿着啤酒搅拌棒、不太想被打扰的酿酒师。部分啤酒厂在周末提供销售服务并开放参观，但最好还是提前预约。

别被表象迷惑

啤酒厂通常干净整齐，而且符合严格的卫生标准，除非你去的是布鲁塞尔的康迪龙（Cantillon）啤酒厂，不然第一印象可能会觉得有点无聊。要记住，重点不是硬件设施，而是与酿酒师的真情交流。

划算吗？

直接在啤酒厂买啤酒当然划算，少了中间渠道的成本，价格会比外面商店卖得便宜，酿酒师的利润与酬劳也会多一点。

建立联系

试着让酿酒师掏心掏肺地诉说他对酿酒的热情，以及研发各款啤酒的心路历程。你会发现每一瓶啤酒都包含了道不尽的独门绝活，可以从中尝出酿酒师的个性与风采。

优点：价格划算，新鲜现酿，感受人情味

缺点：通常只有周末营业

啤酒专卖店

市场新气象

几年前，市面上只有寥寥可数的几家啤酒专卖店，啤酒种类也少得可怜，通常不是比利时啤酒就是德国啤酒，或是几家大品牌的啤酒。随着精酿啤酒在世界各地掀起风潮，由啤酒爱好者经营的啤酒专卖店也如雨后春笋般纷纷出现。

五花八门的选择与建议

专卖店的关键不在于售卖多少种品牌的啤酒，因为随便哪个商店都做得到这一点，重要的是有哪些啤酒厂的啤酒。啤酒专卖店通常灯光美、气氛佳，有些还可以现买现喝并提供下酒小菜。啤酒专卖店的主人不仅知道该建议哪些啤酒来搭配你的餐点，更能开阔你的视野，推荐那些较少人认识的珍稀啤酒。

优点：精挑细选的质量，中肯的建议
缺点：价格略高（尤其在市中心的店面）

网络商店

寻觅珍奇产品

网络世界锁定的客户群无疑是精酿啤酒的忠实爱好者。在浩瀚无垠的啤酒市场上，这些人可能只是小众，但这群粉丝充满热情又绝对挑剔，总是在寻找独特与稀少的啤酒。网络商店可以解决没有实体商店或供货库存的问题，尤其在大城市以外的地方。住在偏远乡村的帝国世涛爱好者一定会非常期待收到包裹。网络商店也能让我们学到一些关于啤酒的专业知识。

惊喜包裹大受欢迎

最近这几年，网络店家推出"惊喜包裹"，每个月会精选六瓶不同的啤酒寄到会员手上，并贴心附上小手册，介绍当月啤酒的详细资料，包含啤酒与啤酒厂的独特风格，以及美食搭配的建议。这项服务让不少啤酒爱好者心甘情愿地掏腰包买单。

优点：鼠标一按就有眼花缭乱的各类啤酒可供选择

缺点：额外的运费

超市或大卖场

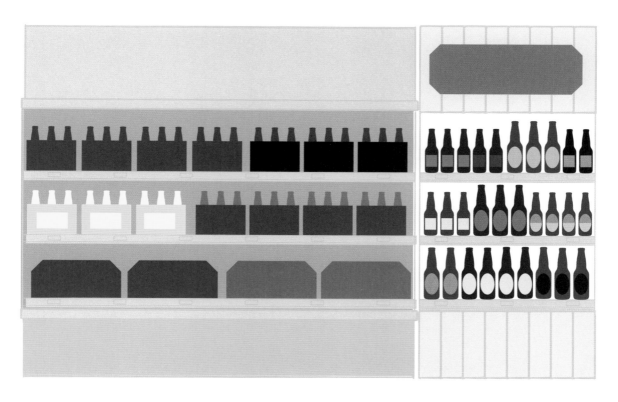

快捷又方便

不管是能见度、供应量还是价格，大卖场的销售渠道仍然是最便捷又容易的选项。虽然没什么新口味，但还是可以买到普遍知名的啤酒。在法国，最普遍的当然是皮尔森啤酒、修道院啤酒（abbey）、双料啤酒（double），还有大厂牌出品的增味啤酒。对于资深的啤酒爱好者来说当然不够，不过足以应付足球之夜或烤肉晚会所需了。

新选项

最近有些大型超市推出"精酿啤酒"专柜，售卖来自不同品牌的精选手工啤酒。有些超市则将重点放在微型酒厂，通常来自附近地区，借此推广当地的精酿啤酒。不过要注意的是，这些独立酒厂通常会供应经典啤酒给大型超市，像是金色啤酒、棕色啤酒或琥珀啤酒，比较特别的酒款则会留给啤酒专卖店。

优点：价格划算，购买方便

缺点：缺乏多样性，存放条件可能不太好

啤酒的价格

大卖场的啤酒比较便宜，啤酒专门店则卖得比较贵。
啤酒的价格学问到底怎么看？

大型酒厂与微型酒厂的差异

以前，你没钱，也不懂啤酒，夏天要在家开派对时，可能会偏好以量取胜，买一箱24瓶装的酒"水"充数。然后某一天，受好奇心驱使，你终于开始尝试好喝的精酿啤酒。这个成长可能会让你惊诧不已，因为你发现同样是啤酒，价格竟然可以差这么多。大卖场最普遍的皮尔森啤酒一瓶售价0.8欧元（约6元人民币），精酿版的皮尔森则是2.5—4欧元（约19—30元人民币）不等，更不要说进口的美式啤酒了！这些价格之间的差距究竟是如何产生的呢？

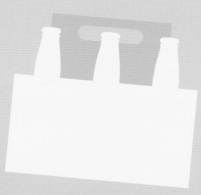

规模经济

以一瓶750毫升、酒精度4.5%的啤酒为例，其关税大概为0.17欧元（约1.3元人民币）。原料（麦芽、啤酒花等）的成本在0.15—0.40欧元（约1—3元人民币）之间，耗材（酒瓶、水等）的成本则是0.40—1.20欧元（约3—9元人民币）。因此定价的关键在于酿酒规模、库存量和利润比例。与供货商签订长期合作契约能大幅降低成本，但也需要考虑其他成本因素，比如运营成本或分销商的利润。

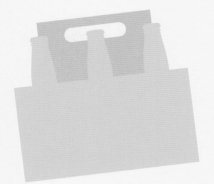

利润的问题

对大集团而言，5%—10%的利润率是可以接受的，足够用来投资和支付股息红利。相反地，若是产量天差地别的独立酒厂，利润率就是它们扣除税金之后唯一的收入来源，所以它们的啤酒价格一定会高于竞争的大型酒厂。更何况手工精酿啤酒通常通过特别的渠道销售，比如独立啤酒专卖店，后者的利润率也无法与一般大卖场相比。独立酿酒师当然可以养活自己，但除非生产规模庞大，否则不要奢望能成为百万富翁。

重探价格问题

整体上客观来说，独立酒厂的啤酒会比工业啤酒要贵。尤其在美国，某些独立啤酒厂已经证明它们能在不牺牲啤酒质量的情况下，达到全球性的生产规模。事实上，大型啤酒厂仍然偏好酿造市场上最受欢迎的啤酒种类，并采用低温杀菌以维持啤酒质量的稳定性，但这么做却会相对降低啤酒的美味。记住，唯有合理的售价、不降价竞争，才能让充满热忱的酿酒师和啤酒专卖店拿到应得的酬劳。

解读啤酒标签

酒标通常诉说着美丽的故事，
但是魔鬼其实就藏在标签细节里。

这真的是啤酒吗？

有一些类似啤酒的饮料并不能称为"啤酒"（beer）。要获得"啤酒"这个头衔，必须以麦芽和啤酒花为原料进行发酵，而且成品需含有酒精成分。增味的酒水混合物完全不够格，例如法国超市常见的饮料Panaché，只是混了啤酒与柠檬水的啤酒汽水，并不能算是啤酒。

啤酒的名称

替啤酒取名字并没有一定的规则，有些啤酒厂会根据风味来命名，例如健力士黑生啤或健力士海外特烈世涛（Guinness foreign extra stout）。某些酒厂会直接为啤酒标上风格名称，有些则用色泽分类，让消费者容易辨认金色啤酒、棕色啤酒、琥珀啤酒等。有些酿酒师则会直接为自己的创作冠上独一无二的名字。

风格或颜色？

以风格或颜色来命名啤酒的方式同时存在。从20世纪20年代起，一些酒商为了顺应市场，推出按颜色分类的方式。法国消费者喜欢按照颜色预想啤酒风味，例如金色啤酒通常味淡而清新，琥珀啤酒偏苦涩，棕色啤酒则偏甜。英美与日耳曼世界则习惯以啤酒风格来区分口味，并不会把颜色当成一项分类标准。事实上，以风味为主的分类概念正席卷全球，三料啤酒（triple）、世涛啤酒（stout）或印度淡色艾尔啤酒也因此逐渐打开了知名度。

 当心代工啤酒

代工啤酒泛指以自家商标售卖，事实上却外包给其他啤酒厂酿造的啤酒。相对而言，超市卖的啤酒更容易出现这种情形，尤其是某些经销商品牌。买酒时必须细读酒标上的"酿造地点"或邮政编码，例如某些在北方酿造却在南方销售的啤酒，酒标上甚至印有蝉和薰衣草等南国象征，显然蓄意混淆视听。

啤酒的专属标识

酒标是啤酒的象征，甚至可以说是品牌的"正字标记"。新兴的精酿啤酒酿造师特别注重视觉图像，因为他们通常是在音乐、动画、漫画（别忘了刺青文化）熏陶下长大的"网络一代"，拥有自己的一套审美观，把传统简朴的酒标远远抛在脑后。

"有机"认证

要能贴上由相关单位认可的标志，必须有95%的原料（除了水之外）来自有机农业，谷物和糖通常是关键。至于仅占原料1%—2%的啤酒花通常来自传统农业。想要酿有机啤酒，却很难买到有机啤酒花，这可是个大问题。

必要标识

酒精浓度
这项标示当然有强制的必要，容错度为0.5%。请注意，5%代表每升啤酒含有50毫升纯酒精。酒精含量低于1.2%则可称为"无酒精"啤酒。

容量
法国常见的酒瓶容量为250毫升、330毫升、500毫升和750毫升；英美则采用英制单位，容量略有出入。

最佳赏味期限
超过最佳赏味期限的啤酒还是可以饮用的，只是无法保证味道质量不变。一般来说，啤酒花味道明显的啤酒最好尽快享用。

生产批号
这项标识是为了方便追溯产品制造过程。

绿点
这项标识代表啤酒商会回收使用过的玻璃瓶。

过敏原
这项标识与谷物中的麸质有关。虽然大麦的麸质含量较低，但仍会在啤酒中留下微量踪迹。

孕妇请勿饮酒
只要含有酒精，瓶身就必须标识给孕妇的图示或警告语："怀孕期间饮用含酒精饮料，可能会对胎儿的健康产生严重影响。"

原料：信息主动透明化

奇妙的是，立法单位并未强制要求注明啤酒的成分，不过多数酒厂还是会主动标示。有些啤酒厂甚至会详细说明其配方所使用的麦芽或啤酒花种类，例如Brewdog啤酒厂在酒标上印了它们的啤酒配方。这种方法相当值得称许，不仅能让最挑剔的啤酒爱好者安心，也能让渴望进一步了解啤酒的新手消费者产生兴趣，进一步期待啤酒的滋味。

如何保存啤酒？

如果你当下没有渴得要命，可以过两天再享用买来的啤酒。
虽然啤酒通常可以放上一段时间，但还是要注意保存的方法。

光线是啤酒的头号大敌

啤酒对光线非常敏感，尤其是紫外线，啤酒花分子会因紫外线的照射而分解并产生令人不悦的麝香及大蒜味。魁北克人称这种味道为"臭鼬味"。想要避免发生憾事，请将啤酒放在冰箱或是阴凉的角落。如果是罐装啤酒就没有这个问题，棕色的玻璃瓶也能减少这类危机。尤其要注意从大卖场买来的啤酒，有可能长时间暴露在霓虹灯下，会让你付出一点不愉快的代价。

新鲜手工啤酒

所谓的手工或精酿啤酒，通常没有经过低温杀菌，所以你也可以说它是"活的"啤酒。然而这种啤酒丰富多元的滋味会随着时间流逝，不可能"青春永驻"，所以装瓶后要尽快享用。新鲜与不新鲜的差别，对于强调啤酒花香气的啤酒来说会更明显，苦味会随着时间而减少，其所自豪的特色也会消失不见。以干投啤酒花酿制的印度淡色艾尔啤酒就是一例。

让啤酒陈年

只有极少数的啤酒具有陈年的潜力和条件，可以随着时光流逝慢慢酝酿成熟的滋味。手工啤酒尤其如此，例如味道浓烈又甜美的三料啤酒（triple），陈年后会出现马德拉酒的特色和糖渍水果的香气。或是具有独特酒香酵母的古兹啤酒（gueuzes），陈年后仿佛可以尝到动物野性的滋味。

注意温度

保存啤酒的重点之一，就是避免温度剧烈变化，尤其是在夏天，酵母菌与细腻的香气很容易变质。在家中尽量找一个阴凉的角落放置啤酒，更理想的情况是放在冰箱下层，能使啤酒保持在最佳状态。

直立保存

未经过低温杀菌的啤酒，在瓶子底部会有酵母菌沉淀。让瓶子保持直立，可避免在倒酒时把酵母菌摇散，导致啤酒变得混浊。

 喝不完怎么办？

别担心，啤酒也可以隔夜再喝！用软木塞塞住酒瓶，放在冰箱里，记得要直立放置并隔绝光源。气泡或许会消失一些，但是下次佐餐时可以体会到不同的乐趣。

啤酒包装大发问

玻璃瓶和铝罐，哪个比较好？
其实每个容器都有各自的优缺点。

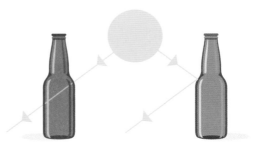

使用玻璃瓶较环保？

玻璃瓶的一大优点是可以回收，例如德国有非常发达的自动压瓶退费系统，可以将容器清洁之后重复使用。在法国虽然还没有这个制度，但是通过垃圾分类与回收制度，可以将玻璃熔化再造，只不过这样做会消耗更多能源。

绿色玻璃还是棕色玻璃？

棕色玻璃瓶能隔绝紫外线，有效地避免啤酒变质。相反地，紫外线可以直接穿透绿色玻璃瓶，破坏啤酒花的香气分子，导致异味产生。透明玻璃瓶就更不用提了……

用酒瓶塞好？

1875年，折式瓶塞问世，这种便宜又可回收的盖子让有气泡的啤酒更为普及。在这之前，人们只能用香槟的保存方法——在瓶里加糖之后，立刻塞入瓶塞并以铁丝封口——才能将气泡锁在瓶子里。这种掀式瓶塞的另一个优点，是打开之后还能再塞回去，保留剩余的气泡。

用瓶盖好？

酒瓶盖是一片内衬绝缘软垫的金属圆片，借由机器用力压紧，密封瓶口。这种盖子不仅成本更低，跟掀式瓶塞一样能完美密封，保持瓶内的压力状态。它的外表看起来很简单，却是1892年机械化时代的精密产物。瓶盖也是啤酒收藏家的目标之一，跟搜集酒标、杯垫一样充满乐趣。

麻烦来杯生啤酒!

生啤酒供货商现在都用不锈钢桶来保存啤酒,取代20世纪20年代以前所使用的木桶。不锈钢桶的优点很多:价格低、坚固耐用、可不断重复使用……更重要的是能管控卫生,杜绝微生物污染的可能性。不过连接酒桶与啤酒龙头之间的管线仍然有被污染的风险,酒吧经营者需要定期进行清洁保养。

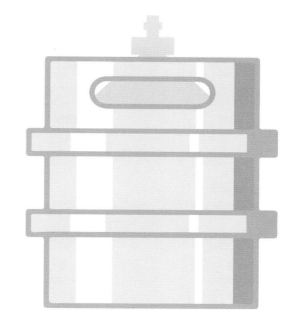

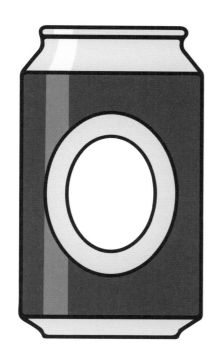

罐装啤酒,赞成还是反对?

20世纪70年代以前,罐装啤酒指的是掀式瓶塞的玻璃瓶啤酒,现在则是用铝罐或铁罐盛装。罐装啤酒不受青睐的最大原因,是里头装的啤酒通常质量一般,而不是因为保护效果不佳。因为成本低又方便运送和储藏,易拉罐成为工业啤酒的首选包装。

铝制品的疑问

不透明的易开铝罐可以完美抵抗紫外线辐射,有助于长期保持啤酒花的新鲜香气。原则上,铝罐内部有一层食品专用保护涂层,并没有直接接触到啤酒。虽然铝罐能完全回收,但它对生态的影响仍然饱受争议,尤其是铝的毒性对环境造成的影响。

 一次性酒桶

KeyKeg酒桶
这是由合成树脂(PET)制成的酒桶,内含软袋,利用推气装置的压力使啤酒与空气隔绝,形成真空状态。这种一次性工具的主要使用者是独立啤酒酿造商,因为对于它们来说,用不锈钢酒桶反而较难回收。KeyKeg的成本较低,也有利于啤酒出口。

Dolium酒桶
另一个选项也是一次性合成树脂制成的酒桶,容量与不锈钢酒桶相同。虽然它无法重复使用,但很适合于产品出口。

文明的曙光

在早期农业文明中，啤酒扮演着举足轻重的角色。

☐ 气候变暖

西方文明发端于西亚的肥沃新月地区，位置从地中海到底格里斯河与幼发拉底河一带的山谷。经历过一次冰河期后，地球的气候在将近一万年前开始升温，茂盛的草原取代了针叶林。这个地区成为游牧民族采摘大麦和小麦的"老祖先"的地方。很快地，人们知道了如何做面包和面糊。接着，就在他们不经意地发现了"发酵"之后，第一个谷物酿制的酒精饮料便因此而诞生。

☐ 发展农业

游牧民族在采摘麦穗的过程中，无意间进行了首次谷物筛选。接着，他们开垦土地并种下种子，增加收成。耕种作物让游牧民族开始在特定的地点定居，然而就算人口开始增长，生活条件却不见得有所改善。早期务农的人，其骨架比狩猎采集者的骨架小很多，牙齿也带有蛀牙。之所以产生这些现象，都是因为当时的人们以碳水化合物为主食，单调的饮食形态也会造成营养不良。

☐ 第一批城镇

在人类历史上，农业与文明的发展通常是一致的。农业促成了聚落群居与人口增长。随着人类活动增加，专业化技术也成为常态性职业，例如工匠、商人或首领。不同地区之间的交流变得密切，尤其是盐、工具或武器等变得不可或缺。而有首领管辖的土地很快就演变成领土。

☐ 交易货币

大约距今5500年前，在美索不达米亚平原的乌鲁克（Uruk），也就是现在的伊拉克境内，工人的薪水是以小麦啤酒来支付的。货币经济出现之前，啤酒是货币的替代品。除了与面包一样可以当食物，啤酒还能补充水分，避免人们生病。

☐ 液体面包

虽然古人并不了解维生素或酵母的好处，但他们早就注意到，喝啤酒的人似乎比一般人更健康。在苏美尔帝国，啤酒被称为"液体面包"（sikaru）。当时的"酿酒师"以发芽谷物和红麦烤成的饼为原料，再加上发酵的椰枣与蜂蜜，最后插上麦秆吸食。只不过他们认为发酵是经过宁卡西女神（Ninkasi，苏美尔人的啤酒守护神）加持所产生的神秘现象。

☐ 啤酒是城邦重心

几个世纪后，接管此地区的巴比伦人并没有失去对啤酒的喜爱，而且恰恰相反。根据巴比伦黏土板上的楔形文字记载，当时有二十多种不同的啤酒。啤酒在巴比伦人的日常生活中占有极其重要的地位，于公元前1750年左右完成的《汉谟拉比法典》（*The Code of Hammurabi*）中也提到它的存在。该法典条文特别记载了赊账购买啤酒以及酿造假啤酒将被处以死刑。

CHAPITRE

N° 3

啤酒到底怎么喝？

喝啤酒不需要学习，也不用想太多，
没有什么比干杯更简单的事了！
不过如果你愿意，还是可以学点实用的诀窍，
了解啤酒有哪些对身体有益的成分，
帮助你更畅快淋漓地享用啤酒。
放下对啤酒的成见，一起开怀畅饮吧！

挑选啤酒杯

只要啤酒好喝，用什么杯子喝不重要！你若是这样想就可惜了。
就像喝葡萄酒一样，一种啤酒一种杯，选对杯子能让啤酒的美味升级。

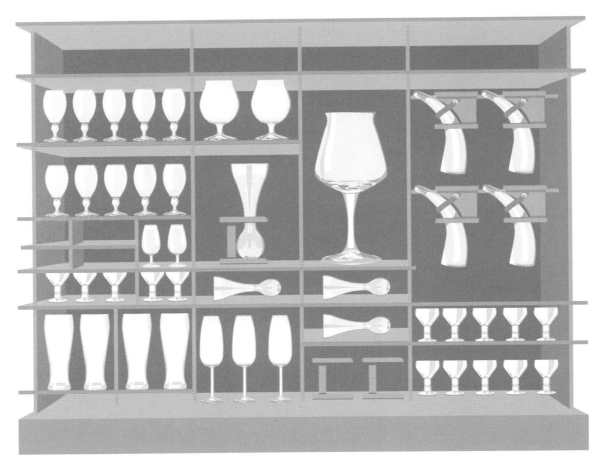

在视觉上获得满足

挑选酒杯首先要考虑美感的问题，也就是要"养眼"。我们常会呆立在衣橱前，犹豫今天该穿哪件衣服，同理，根据啤酒颜色来选杯子也很重要。杯子的形状不仅能烘托啤酒的色泽，更有利于形成漂亮的表层泡沫。

注重味蕾的飨宴

挑选酒杯当然是专业又严肃的课题。不同的杯子会形成不同的啤酒气泡，某些啤酒装在某些杯子里，泡沫就会消失得比较快。品酒必须通过嗅觉，而某些美妙的香气会因为啤酒表面破掉的气泡而流失。因一只错误的杯子而错失这些香气，真的非常可惜。

绝对要避免的杯子

大型马克杯

慕尼黑啤酒节到处都可以看到这玩意儿，大口狂饮是它的重点。如果只是想要个特大号酒杯，那也没什么好挑剔的，不过它的把手会让你使尽吃奶的力气才能举杯喝上一口，而且每次都会越喝越多。大型马克杯的

宽敞杯口会让气泡迅速上升并且消失无踪，厚实的杯壁也会留住余热，破坏啤酒风味。若无法及时喝完，最后留在杯底的啤酒下场通常有点凄凉。

平底塑料杯

放弃这种杯子吧！在音乐节上，人们无暇顾及啤酒的质量，平底塑料杯只会让啤酒的魅力大打折扣。可回收的平底杯都是用疏水材料制成的，会让啤酒气泡变得更粗，风味也会变淡。纸杯并不比塑料杯

环保到哪里去，而且一样会污染环境。尊重啤酒，也是尊重自己。如果你真要用这种杯子喝酒，不如喝水吧！

可靠的酒杯

250毫升啤酒杯

咖啡馆室外雅座常用的啤酒杯，看起来亲切又可靠。适合气泡充足的啤酒，例如皮尔森啤酒。

多功能酒杯

特酷杯（TEKU）

设计另类又充满现代感的专利酒杯，是近年来啤酒酒吧的新宠儿。较窄的杯口能聚集香气，圆形的杯底可在必要时将酒杯置于掌心加温。适合所有风格的啤酒，是非常杰出的设计。

郁金香杯

用葡萄酒杯喝啤酒没什么好丢脸的。国际标准品酒杯（INAO）或餐酒杯，都是品味啤酒与威士忌的绝佳选择。缩窄的杯口能凝聚香气，杯子的形状让酒液均匀地流入口中，可让人优雅地小口品尝佳酿。

造型特殊的酒杯

吊挂形木架酒杯

这个杯子的造型如此特殊，听说是为了让马车夫能将它挂在座位边，随时畅饮（但还是建议大家不要酒后驾马车）。这种酒杯其实没那么方便，也无法彰显啤酒的美味，勉强算是个吸睛的营销工具，或是让你用华丽又好玩的方式弄脏自己的衬衫……

圣杯形酒杯

这款杯子没有任何实际的功能，只是为了有点笨拙地提醒大家——双料与三料啤酒源自修道院。它不仅笨重，杯缘也过于厚实，与嘴唇接触时不是太舒服。开阔的杯口让气泡更容易"逃脱"，啤酒的香气也会迅速消散，剥夺了让鼻子享受啤酒香气的机会。

犄角形酒杯

这种酒杯大部分是玻璃制的，也有用真正的动物犄角做成的。当然，像神话中的英雄祖先一样喝啤酒很有趣，不过装满酒的犄角没法平稳地放在桌上，所以必须不停地喝。下场通常不难预测：因为喝太多了，犄角杯从手中滑落，跌个粉碎。

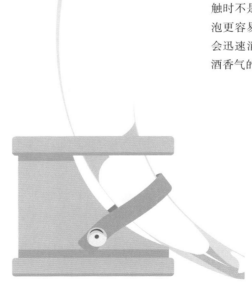

优雅的酒杯

笛形细长酒杯

喝啤酒也可以很高雅，试着用笛形杯喝印度淡色艾尔或比利时小麦啤酒，这种杯子有助于突显细致的啤酒泡沫、色泽与气泡。此外，因为杯子容量较小，不必担心喝太慢而让啤酒升温。

德式小麦啤酒杯

来自日耳曼的漂亮设计，有200毫升和500毫升两种容量。最适合用来喝小麦啤酒，因为杯身较长，能好好欣赏啤酒顶层的细致泡沫，以及其明亮且带着霜雾梦幻感的美丽色泽。

球形酒杯

类似葡萄酒杯的设计，适合优雅地喝啤酒。想象在大雪纷飞的冬夜，坐在壁炉边的皮沙发上，手里端着酒杯，像个沉静而傲然的英国绅士贵族，慢条斯理地啜饮杯中的大麦酒（barley wine）或帝国世涛。

啤酒的侍酒程序

没有烦人的全套礼仪，只需要注意几个小步骤，
就能品尝到啤酒完整的好滋味。

啤酒也有适饮温度？

某些啤酒厂会在瓶身标明最佳品尝温度，但说真的，没有人会把温度计放入啤酒里。温度标示只是一种参考，根据不同的啤酒风格，最佳品尝条件也不尽相同。总之，你只要记得，最好让啤酒处于冰凉的状态，至少它还可以慢慢回温（而不是反过来）。当你倒出啤酒开始享用，啤酒的温度会在短时间内升高5℃，接着会慢慢达到与室温一致。

最佳赏味温度	啤酒类型	瓶身状态
6—9℃	拉格、皮尔森、白啤酒、古兹啤酒……	瓶身凝结水雾
9—12℃	三料啤酒、窖藏啤酒、淡色艾尔、印度淡色艾尔……	瓶子摸起来冰凉
12—15℃	帝国世涛、大麦酒……	瓶身摸起来低于室温

享用啤酒，当然也可以来个全套的繁复礼仪，或相反地，简单至上！无论如何，先选对杯子。然后不要怀疑，用冰水将啤酒杯冲凉（不要擦干）。倒酒时将杯子倾斜约45°，倒超过半杯时再慢慢将杯子直立，处于最佳赏味状态的啤酒会在杯口形成一层美丽的泡沫。如果是未经过滤或消毒的啤酒，瓶内会有少许残存的酵母，可以将它们留在瓶底。

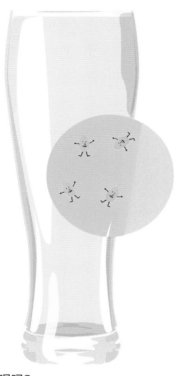

酵母菌能喝吗？

这完全是喜好的问题。德式小麦啤酒里的酵母会让啤酒质地更为淡雅，所以通常会一起饮用。倒酒时先倒出2/3瓶，然后摇晃一下酒瓶，再倒出剩下的1/3。同样地，比利时啤酒的酵母也是香气的重要元素，甚至有些啤酒厂会提供另一个小杯子，让客人倒出来品尝。不管你喜不喜欢酵母的味道，至少它富含维生素B群，对皮肤、指甲与头发都非常好，活跃的酵母也有助于平衡肠道菌群，百利而无一害。

以瓶就口？

如果那瓶啤酒味道不怎么样，而你只是为了解渴，没什么不可以。如果你拿的不是一瓶普通的皮尔森啤酒，最好还是找个杯子吧！直接就着瓶口喝酒，香气都会被锁在瓶里，无法品尝到啤酒本身的美妙芳香。瓶里的气泡也会比倒在杯里更强劲，大量的气泡刺激舌头与味蕾，可能会让你漏掉一些细致的美味。另一个极有可能发生的情况，就是一些比较豪迈的朋友会用他的酒瓶颈敲你的酒瓶颈，啤酒泡沫会因此泛滥成灾、一发不可收拾……

喝啤酒的好去处

现在满街都买得到啤酒，可以喝酒的餐厅也不少，
但并非所有地方都值得一去。

街角酒吧

地点便利离家近

全法国有3.5万家酒吧，真的不怕找不到地方喝酒。虽然早有心理准备，一般酒吧销售的啤酒通常价廉物不美，但看到从业者如此缺乏啤酒知识，还是挺令人吃惊的。大部分的酒吧都会与啤酒大厂签约，由厂商提供设备和啤酒，以换取独家销售权。虽然品牌不同，销售方式却通常大同小异，多是经典皮尔森或比利时啤酒的组合。

慢慢改进

不过事情总算往好的方向发展了，一些酒吧开始销售自家精选或当地生产的特色啤酒。某些知名啤酒大厂也开始收购传统酒厂，对于拓展啤酒酒吧的商品多样性也算有间接的帮助。

优点：价格实惠

缺点：选择不多，缺乏专业知识，常忽略设备的清洁与维护

质量的坚持

过去相当稀有的精酿啤酒酒吧，如今遍地开花，养出了一批挑剔的死忠客户。专业的啤酒酒吧经营者，通常也是啤酒狂热分子，他们知道如何引领迷失于啤酒丛林的菜鸟，勇于向啤酒鉴赏家或崇拜另类啤酒的怪咖顾客推荐百里挑一的罕见佳酿。这些酒吧当然有良好的啤酒存放标准并维持着卫生安全，重点是他们还会举办活动，让顾客与酿酒师面对面地交流，或是提供啤酒搭配美食的教学。

优点：选择多元，有专业服务，常会举办有趣的活动

缺点：价格较高

啤酒厂附设酒吧

理想的场地

到了夏天，在郊区啤酒厂的露天雅座享用新鲜啤酒，搭配当地美食特产，这样的环境和啤酒质量保证都是最佳状态。

法国之外的啤酒厂

在德国或中欧国家，您可以到"啤酒花园"喝一杯，在令人放松的自然环境中畅饮当地啤酒，大快朵颐蝴蝶脆饼和香肠拼盘。而在大西洋的另一端，售卖自酿啤酒的啤酒屋不仅气氛热烈，还有分量毫不含糊的大盘炸物及丰富美食等着你享用。

优点：气氛与服务佳，啤酒质量好，价格划算
优点：距离较远（很少有人家的楼下就是啤酒吧！）

在家畅饮

共享欢乐气氛

在家喝酒享有绝对的自由，可以自由选择啤酒和杯子，还能任性搭配想吃的下酒菜。如果邀朋友来做客，最好预先准备几种不同风格的啤酒，确保宾主尽欢。对于不爱啤酒的人，可以准备白啤酒，或是味道令人惊艳的樱桃古兹啤酒，让所有人都能开怀畅饮。

优点：选择多，价格比酒吧便宜
缺点：要洗碗并且收拾善后

不同的个性适合不同的啤酒

啤酒是最平易近人的酒精饮料，
那些爱跟啤酒唱反调的人只是还没有遇到他的真命天"酒"罢了。

老费，嗜酒如命的好兄弟

老费的啤酒文化养成，源自学生时代的狂欢晚会和体育比赛。他永远搞不清楚质与量，对劣酒与美酒一视同仁。甜度与酒精度很重要，但是不管啤酒好不好喝，他总是来者不拒。

对于这种类型的人，可以推荐浓郁且扣人心弦的啤酒，例如英式印度淡色艾尔啤酒，以香浓的水果香气先挑起他的兴趣，再用强大苦味让他讶异万分，最后收敛的余韵则使他哑口无言。如此一番震撼教育之后，他很有可能会质疑过去到底都喝了些什么，并且开始意识到啤酒风味的多样性，乐于尝试异于以往的饮酒方式。

推荐：英式或美式淡色艾尔啤酒、苦啤酒（bitter）

夏洛特，不爱啤酒的闺蜜

她在18岁那年，高考发榜的晚上，喝了一口温温的啤酒；她既不喜欢那浓烈的苦味，也不爱那个狂欢夜的结局，从此在任何聚会上只喝粉红鸡尾酒，或是在跨年晚会上喝香槟。她不喜欢啤酒，认为那是男人喝的玩意儿。

事实上，女孩没有理由不能欣赏苦味，只是需要多给她一点时间。先从小麦啤酒（Weizen）开始，或是香料味较重的比利时小麦啤酒；再挑一个能完美呈现细致气泡的优雅杯子，同时吹嘘这款啤酒的甜美。当然，别忘了提及小麦啤酒的柔顺女人味（没什么特别意思，大家都知道啤酒不分性别，而且德文的啤酒这个词也是中性名词）。

推荐：德式小麦啤酒、比利时小麦啤酒、美式淡色艾尔、酸啤酒、樱桃啤酒（kriek）

费尔南，效忠葡萄酒的岳父大人

具备深厚的葡萄酒知识（尤其是红酒），喜欢分享酒窖里的珍藏佳酿，如威士忌及手工蒸馏烈酒。对于费尔南来说，啤酒只是在花园忙了一下午的解渴饮料。他完全忽略，也不想知道啤酒瓶里同样蕴藏着百转千回的芳香。

对于这种人，可先以结构丰富的淡色艾尔引入门，勾起他对麦芽香味的认同，并让他明白苦味是一种非常有深度的愉悦感受。接着可以介绍他试试富含单宁的世涛啤酒，唤醒与红酒相似的某些味觉联结。当他认同之后，就能循序渐进地介绍他品尝不同风格的啤酒了。

推荐：所有风格的啤酒

恩涅斯特，啤酒狂热分子

小时候搜集《精灵宝可梦》游戏卡，长大搜集啤酒。他立志尝遍所有类型的啤酒，每次喝到新款啤酒就拍照上传到社交网站。环游世界是为了参观啤酒厂，并且对巴塔哥尼亚当地以蒲苇精酿而成的啤酒留下感动的回忆（该啤酒是以当地啮齿类动物的肠道微生物发酵而成的，野性十足）。

把他从追寻奇特啤酒的无期徒刑中拯救出来吧！带领他返璞归真，重新品尝简单的美味。可以推荐比利时风格的啤酒，例如双料或季节啤酒（saison）。啤酒花的淡雅高贵苦味以及酵母带出的水果芬芳，堪称糖与谷物的完美结合。

推荐：季节啤酒、德式小麦啤酒、淡色艾尔、苦啤酒

关于酒精

酒类爱好者除了喜欢酒本身的香醇风味，通常也喜欢酒精。
饮料中的酒精含量高低，会让人的情绪跟着高低起伏。

酒精的影响

酒精的正式名称为乙醇，是一种可以改变知觉、感受、情绪和意识的化学物质。当它被喝下肚之后，会经由消化道进入血液中，在人体内循环流动。

令人兴奋的快感

摄入少量酒精可以产生振奋精神的效果，之后很快就会冷静下来，而且感觉特别疲劳。尽管酒精不能治愈任何疾病（也不能解决任何问题），但还是具有镇痛的功效；只是有时候太有效了，反而会让人忘记或忽略了病痛背后的警报和危险。酒精能纾解压力，让人放松，带来狂喜甚至极度兴奋的情绪。酒喝多了的人很可能会抛开羞怯，豁出去狂吐真言，但这有时不见得是好事……

饮酒过量

几杯酒下肚之后，人的警觉性和反应能力都会下降，这也是为什么喝酒之后绝对禁止开车。喝了酒的人大多很难掌握当下的状况并做出适当的反应，还可能会做出伤害到自己或他人的行为。

 酒精究竟是什么？

酒精（乙醇）是发酵作用的副产品。酵母菌在进行发酵时，会吃掉大量的糖并且不断繁殖，同时也会产生两种对酵母菌来说无用的废弃物——乙醇和二氧化碳。然而在不当的环境条件下，酵母菌也有可能会产生其他类型的酒精，例如甲醇。甲醇具有毒性，喝进口中可以感觉到强烈的灼热感，严重时甚至会造成失明或死亡。

发热又发冷

喝了几杯之后，你会开始觉得热，想把衣服一件一件脱掉，直到在寒冬中只剩下一件单薄衬衫。酒精是一种血管扩张剂，当血管扩张，体温从皮肤表面不断散失时，你的身体为了维持一定的体温，只好不断地输出能量。这种情况没有办法维持太久，结果最后你就感冒了，好几天咳个不停，鼻涕直流，然后对天发誓再也不喝这么多了。

脱水状态

人们以为喝酒是在补充水分，事实上正好相反。酒精会干扰脑下垂体释放抗利尿激素（调节肾脏功能的激素），导致从膀胱排出的水分比喝进去的还要多。脱水也是造成宿醉的罪魁祸首之一。

一杯就醉

有些人对酒精毫无招架之力，可能喝一杯就不省人事，那是因为他们的肝脏制造出来的解酒酶（乙醛脱氢酶）数量太少了。

酒精中毒

酒精中毒的定义，是一个人对于酒精产生过度依赖，无法自拔。酒精与海洛因同样被世界卫生组织列为最容易上瘾的产品。每个人酒精中毒的状况都不一样，视个人体质、遗传基因和其他因素而定。总体来说，酒精的滥用将会严重影响身体和精神状态的健康。

 ## 中肯建议

卫生部门建议，每人每天不要摄取超过2—3个度量单位的酒精，相当于500—1500毫升的啤酒。喝下超过500毫升的啤酒，血液中的酒精含量一般会超过0.5毫克。但每个人应该喝多少酒，这个标准是相对的。因为每个人代谢酒精的能力不同，酒精对人体的影响还取决于个人的健康状况或疲劳程度，以及饮食习惯、体重和喝酒的时刻。最好摸清楚自己的酒量底线，无论如何酒后千万别开车！

享用啤酒的好方法

这几个小建议能让你更淋漓尽致地享受啤酒的美味，
但请记得饮酒还是要适量……

别忘了下酒菜

酒精经过消化系统时，会被胃壁和肠壁吸收至血液中。吃点东西垫垫肚子，可以保护肠胃并减缓酒精在体内扩散的速度，避免血液中的酒精浓度激升，让你很快就醉了。

多喝水

酒精会影响肾脏功能，是出了名的利尿剂。你体内的水分会随着尿液大量排出体外，就算你喝再多的啤酒也无济于事。喝酒会让你的身体缺水，因此要记得多喝水，最好喝一杯啤酒后就喝一杯水。为了预防万一，睡前再喝一大杯水。虽然半夜一定会起床小解，但隔天醒来你会很庆幸自己没有头痛欲裂。

避免"再喝最后一杯"

大家都曾经有过这样的经验：即将曲终人散，再喝一杯就回家吧！接着就会一发不可收拾，你开始大笑，思维混乱，不受控制。当愉快的夜晚接近尾声时，你也该停下来别再喝了。因为等到胃里的酒精被吸收之后，血液里的酒精浓度才会逐步达到巅峰。那时的你可能会失去控制，胡闹一通。

慎选啤酒

品尝啤酒没有什么金科玉律，不过最好避免把较浓的啤酒留到最后再喝。大麦酒、帝国世涛或三料啤酒的香气比较细腻，已经疲乏的味蕾很难品味出来。建议把清淡的啤酒留到最后再喝，例如小麦啤酒，它的酸度会提醒你：聚会结束，该打道回府了。

注意过于明显的酒精味

基本上，乙醇（也就是酒精）没有什么浓重的味道。发酵过程不慎产生的杂醇却会产生强烈的气味，而且对人体有害。所以请尽量避免酒精味太明显的啤酒，即使只是少量饮用，也容易造成头痛或消化系统不适。

狂欢翌日

尽量休息，让肝脏有时间好好代谢酒精。如果前一晚太放纵，隔天要避免油腻的饮食，以免更难消化。优先食用富含矿物盐的食物，蔬菜水果都可以，但不要选择太酸的东西，例如柳橙汁。与其在床上躺到手麻脚麻，不如做一些简单的运动，也可以喝点花草茶饮。

啤酒的意外好处

幸好啤酒不只有酒精，还有一些对人体有益的优质成分！

A

B

酵母菌的优点

在酿酒的过程中，搅拌与发酵让原料产生剧烈的变化。酵母菌吃掉了麦芽汁当中的糖分，产生大量对人体有益的维生素B群。酵母菌本身还能促进肠胃健康，不过这只适用于酵母菌仍然活蹦乱跳的啤酒，也就是未经过滤与杀菌的啤酒。

硅能强壮骨骼

每天喝一点酒能增强骨质密度，而且含有大量二氧化硅的啤酒效果更好。啤酒花中一种名为酸葎草酮（humulone）的 α 酸，也可以预防骨骼细胞退化。

C

D

啤酒花是灵丹妙药

啤酒花是酿制啤酒的重要成分之一，其中的 α 酸，也就是类黄酮（flavonoid），可以赋予啤酒苦味，防止啤酒腐坏，甚至能增进食欲，维持肠道菌群的良好平衡。此外，α 酸能放松肌肉，释放身体压力，所以辛勤工作一整天后，来杯啤酒不失为一个好选择。

多酚的性质

啤酒中的多酚物质来自谷物外壳，具有抗氧化的特性。色泽较深的啤酒，其中的多酚含量比较多。此外，乙醇可以促进血液流动，防止血栓的形成，但前提是不能饮用过量。

一般人对啤酒的误解

虽然最近几年啤酒的形象已经逐渐好转，
不过大众仍然对它有一些挥之不去的成见和误解。

啤酒刻板印象

n° 1

啤酒是
男人的饮料？

充满女性的小宇宙

在所有啤酒文明的历史上，女人无所不在。从巴比伦到旧制度时期的法国，都出现了执掌并兴盛啤酒业的女性，遑论与啤酒相关的神祇几乎都是代表生育和富足的女神。

维多利亚女王的世涛啤酒

从前在西日耳曼地区，啤酒酿造设备被包含在女孩们的嫁妆中。由女人负责的家庭式酿造啤酒相当普遍，直到英国工业革命后才逐渐被取代。据说当年的维多利亚女王最喜欢在午餐时间来一大杯世涛啤酒。

女人的味觉更灵敏

啤酒大厂对消费市场进行分析调查，认为女性顾客的味觉比较灵敏，因此特别推出更甜美、果香更馥郁的啤酒。从经验上来看，所谓的男性或女性品味，完全取决于文化背景。啤酒厂牌（例如Thibord或Paradis）或特色酒吧（巴黎的Brewberry或Le Supercoin）的负责人也不乏女性。

色泽是
可靠的质量指针？

习惯喝葡萄酒的国家

消费者太习惯以色泽来挑选啤酒，尤其是法国人。这要归因于他们缺少基本常识，长期以来也不容易喝到优质的啤酒。除了法国北部和阿尔萨斯地区，法国其他地方并没有真正的啤酒传统和文化。虽然还是有一些从18世纪就创立的啤酒厂，不过与葡萄酒相比，啤酒仍然相对冷门。

缺乏啤酒传统

工业化的发展提升了啤酒的质量，让啤酒自19世纪末开始广受欢迎。法国的啤酒酿制与销售厂商虽然引进了产品，却未引进其他啤酒大国的多元啤酒文化。法国消费者无从认识更好的啤酒，仍然习惯按色泽来挑选啤酒。

毫无根据的分类方式

为了避免消费者在选购啤酒时感到彷徨无依，大型酒商因而采用了一些分类标准。金黄色啤酒大多是清爽的拉格，而且非常解渴，色泽深的啤酒则带有更多麦芽味和焦糖香，琥珀色啤酒则带有较明显的苦味，口感也很涩。这个在法国各地无所不在的分类标准，在啤酒爱好者看来只觉得有趣。啤酒的颜色其实来自烘干的麦芽，麦芽的"上色"程度会影响啤酒的香气，而不是为了追求啤酒的色泽。啤酒的苦味来自添加的啤酒花数量，同样与啤酒色泽无关。黑啤酒也能够尝起来丝滑甘美，而麦芽味十足的啤酒，其颜色从麦黄到浅棕都有。

修道院啤酒是
修士酿制的吗?

修道院啤酒正统吗?

拜广告与酒标所赐,修道院啤酒的"正统性"与真实性通常被夸大了。这些宣传大都是营销手段,只有极少数的修道院啤酒是真正由修道院酿的。

特普拉会修道院啤酒

"特普拉会修道院啤酒"(Trappist)有特定的商标,证明该啤酒是由奉行天主教熙笃会会规的修道院酿造或监制的。事实上,欧洲的修士平均年龄相当高,所以修道院大都会另外聘请员工来酿造啤酒。最常见的啤酒风格是双料或三料,少数有特殊的风格,例如比利时的欧瓦乐(Orval)修道院,其酿酒技术与原料来自欧洲各地。

修道院啤酒

所谓"修道院啤酒"通常指的是这种啤酒的风格,其名称其实并无法规限制,酒厂可以自由命名。有些人企图制造让人安心的可靠形象,常信誓旦旦地说自己的酒来自某个已经被拆毁的修道院,而其中有些修道院完全不曾酿过啤酒。截至2016年,法国唯一由如假包换的修士所酿制的啤酒来自圣万德里修道院(Saint-Wandrille)。

比利时修道院啤酒

唯有经过比利时啤酒公会认证,才能拥有这个商标名称。然而这个规定却隐藏着一个现实的问题:啤酒商有权将现存或过去修道院的声名威望占为己有,例如百威英博集团旗下的莱福(Leffe)啤酒。原本的莱福修道院在法国大革命时被毁,现在的莱福啤酒厂也与修道院的原址差了100公里。

网络让修士备感压力

2005年,啤酒评分网站Rate Beer将世界啤酒第一名的荣誉颁给比利时的Westvleteren 12——由同名修道院酿制的特普拉会修道院啤酒。但事实上,获得殊荣的修道院并不开心。熙笃会一直保有清苦严格的生活方式,面对这股突如其来的抢购热潮,修士们无法消受。因此修道院既没有涨价也没有增产,而是采用了预约销售与限量购买的制度,想买酒的人只能通过电话联系。这么做都是为了能好好过上清静日子。

喝啤酒会发胖？

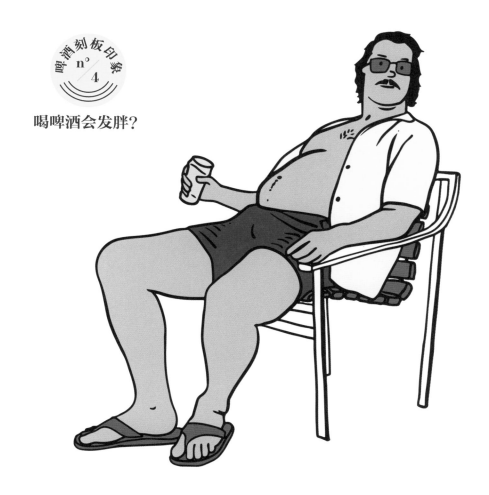

喝啤酒会有啤酒肚？

啤酒会让你产生无可救药的"鲔鱼肚"或"啤酒肚"——这绝对是啤酒所遭受到最过分的不实指控。喝啤酒并不会导致肥胖，但是如果你过度放纵自己，喝太多的啤酒，吃太多的下酒菜，没人能帮得了你。

啤酒与汽水之争

啤酒的组成成分是水、酒精以及残余的糖分。一杯125毫升、酒精含量5%的啤酒，含有106卡路里，比葡萄酒高一些（120毫升，86卡路里），比黛绮丽鸡尾酒（daïquiri）低一些（100毫升，131卡路里），跟一杯汽水或一片白面包的热量差不多。如果酒精度超过5%的话，热量当然会更高一些。

饮食习惯才是关键

饮酒过量或经常吃油腻食物，才会有出现"鲔鱼肚"的危险。酒精主要由肝脏负责代谢，而脂肪则较容易积聚在腹部。举例来说，20克花生或是25克香肠与一杯250毫升、酒精度5%的啤酒热量相同。

肚子饱胀的感觉

喝啤酒会增加饱腹感，而且啤酒花的苦味会让人暂时忘记饥饿。喝啤酒的人可能会因此而少吃一点，不像常喝汽水的人因为喝下太多糖分，反而更容易感到饥饿。

低酒精含量的
啤酒令人乏味?

酒精与口味是两回事

茶、咖啡、果汁或其他无酒精饮料都能作证,酒精,更明确的说法是乙醇,并不是重要的气味来源。要提高啤酒的酒精含量很简单,只要添加可发酵物质,也就是可以让酵母饱餐一顿的糖,即可转化为酒精。想象一下,囫囵灌下酒精度高达8%的啤酒,酒液滑过无动于衷的喉咙,一点尾韵也没有留下。如果不是为了借酒浇愁,一个劲地追求酒精浓度有什么意义呢?相反地,只要用心酿制,低酒精度的啤酒也能展现风味绝伦的魅力。

无酒精的优质啤酒

请参考本书关于啤酒滋味的表格(96—97页),有多种香气分子来自原料(不同品种的麦芽、啤酒花、酵母)以及酿制方式。一味认为酒精是啤酒香气的唯一来源,其实还挺失礼的。酿造优质的无醇啤酒非常不容易,因为任何轻微的缺陷都无法以酒精来掩饰。

种类齐全

低酒精度的啤酒也可以展现卓越风味。最近从美国开始流行一种"社交型"(session)啤酒,指的是比现有啤酒风格更清淡、清爽的版本,酒精度低,在交际聊天时一直喝也不用担心喝醉。社交型的印度淡色艾尔啤酒通常使用啤酒花干投法,以萃取出更浓郁的香气。还有几款适合配餐的餐桌啤酒,可以在午餐时安心喝一杯再回去工作。

未消毒的啤酒
无法保存？

知名啤酒厂

目前只有少数微型啤酒厂能够酿造出具有陈年潜力的啤酒，想品尝的人可试试Thomas Hardy啤酒厂的帝国世涛啤酒或大麦酒，质量绝佳，保存20年也没问题。

精酿啤酒和工业啤酒

人们常常误解精酿啤酒很快就会变质，工业酿造的啤酒则相反，因为消毒过滤能延长后者的保存期限。事实上，工业啤酒确实经过杀菌，因此瓶内的啤酒不会产生变化。理论上来说，消费者就算喝了十年前装瓶的工业啤酒，只要瓶盖完好无损，对健康就应该不会造成任何危害，但无法保证这会是个美味的体验。

尽快享用

撇开保存的问题，大部分的淡啤酒（尤其是小麦啤酒）或啤酒花香味浓郁的啤酒，最好都趁新鲜享用。它们的味道将无法避免地随着时间流逝而变差，虽然超过最佳赏味期限仍然可以喝，但已经无法呈现当初预期的美味。

卫生优先

手工啤酒通常未经过低温杀菌，保留了活的酵母菌，也增加了感染的风险。不过卫生要求对所有微型啤酒厂来说都是最重要的一件事，它们长久以来对卫生问题极为重视，感染的例子也越来越少见。

法老时代的埃及啤酒

在从前的尼罗河畔，古埃及人的日常生活中，啤酒无处不在。

古埃及啤酒

古埃及在啤酒发展史上是一个至关重要的阶段。埃及的伟大文明沿着尼罗河流域蓬勃发展，一年一度的尼罗河泛滥会将河底的冲积层带上岸，使土壤肥沃，培育出绝佳的谷物与水果。古埃及人日常饮用的啤酒叫作heneqet，不仅营养丰富，还具有健康疗效，与当时受到污染的水源不可同日而语。还有一种喝起来更烈也更好喝的啤酒，古希腊人称之为zythum，专门进贡给法老宫廷享用。这些酒会根据不同用途或饮用的对象，在酿造时添加糖、香料或香草植物。现在土耳其一带有一种麦酿的酸性饮料，叫作博萨（boza），略含酒精，是古代埃及啤酒的直系子孙。

古老的见证

从众多古老墓室里的啤酒陶罐，以及描绘工匠作品的象形文字，我们得以了解古埃及时期啤酒的酿造过程。在第五王朝的皇家理发师墓室中，展示着啤酒酿造的各个阶段，从制作发芽大麦面包及小麦面粉，到密封陶罐以进行发酵和保存。当时除了家庭规模的啤酒酿制活动，也有一些通常由女性负责的大型啤酒工坊，以出产浓烈的啤酒闻名。

日薪4升啤酒

记录在莎草纸上的古埃及文明，留下了大量关于啤酒的数据，犹如纪录片般翔实记录着这种日常饮食习惯。其中提到了当时的社会阶层，以及每个阶级的人均消费量，也提到了原料的质量与不同的啤酒风格。根据记录，当时外派大使的赏赐并非一视同仁，而是视其出使国家的重要程度而定。负责法老饮料的司酒官，在当时的皇宫和军队中地位显赫，啤酒酿造师则享有葬在君王旁边的殊荣。至于工人的薪水，则是用啤酒（一天4升）、面包、油、蔬菜或香料来支付。可以想象，建造金字塔的成本里也包含了数十亿升的啤酒。

宗教不可或缺之物

啤酒不仅是古埃及社会的重要产物，与宗教祭祀也密不可分。埃及神话中的冥王奥西里斯（Osiris）教导人类关于啤酒的艺术，人们也相信醉酒的状态更能接近神圣境界，在节庆宴会上喝到吐甚至是富足与繁荣的象征。太阳神拉（Rê）骗狮头女神塞赫美特（Sekhmet）喝了啤酒，并且趁着塞赫美特大醉之时成功破坏了其灭绝人类的计划。一直到第十八王朝，才有道德家呼吁人们别喝太多酒，以免堕落丧志。

CHAPITRE

N° 4

品尝与欣赏啤酒

喝啤酒，只不过是在灌饮料。

品尝啤酒，则是用大脑来感受与欣赏啤酒，

激发所有感官的完整体验，并唤醒图像与记忆。

你将逐渐学会分辨多种口味，了解这些味道的来龙去脉，

甚至开始质疑你过去认为自己喜欢或讨厌的味道。

无论品尝哪一种酒类，最重要的是保有好奇心与尝新的渴望。

品尝的主观性

品尝需要运用视觉、嗅觉，还有味觉，
但是品饮者的生理因素和文化的影响力也不容小觑。

文化环境

每当你品尝啤酒的时候，也同时在品尝啤酒的文化。每个国家赋予啤酒的价值不尽相同。在日耳曼或盎格鲁－撒克逊地区，人们对啤酒有相当高的评价，而偏好葡萄酒的法国人对待啤酒反倒显得有些粗鲁。同样地，对于啤酒味道的理解，也会根据各地饮食文化的不同而有所区别。西方人喝世涛或波特啤酒时会联想到咖啡或可可豆的味道，日本人却会从中察觉类似酱油的味道。

体验

说实话，人生第一口啤酒的滋味很少会是美妙的，因为苦味需要时间去适应与欣赏。一旦征服了苦味，就能开始辨识麦芽圆润柔和的味道，以及发酵带来的馥郁果香。你会开始反省自己过去几年对啤酒的偏见，而且从今以后，你的好奇心将会带领你大胆探索啤酒世界。

人体"配备"

如果没人能理解你对某款啤酒的狂热，不用太担心。人各有所好，每个人对于口味与气味的理解方式也都不一样。举例来说，你知道吃了芦笋之后，尿尿会有什么味道吗？大部分人都能察觉到这股特殊的气味，但对于少数人来说，哪有什么味道？人们对气味的敏感程度，与鼻腔内的嗅觉接收器有关。由于先天遗传或后天意外，有些人的嗅觉接收器特别少，甚至不存在。如同色盲一样，某些人也会有"味盲"与"嗅盲"的情况，这也是为什么人的喜好会如此多样化。

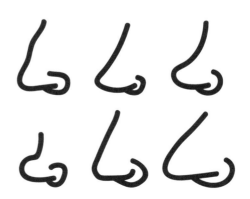

当下的情境

啤酒的味道，绝对会受到环境与心情的影响。例如在炎炎夏日的黄昏，你会渴望来杯冰凉的皮尔森啤酒，它比帝国世涛更适合。品尝啤酒需要全神贯注，是一种结合所有感官的全方位体验。跟朋友一起畅饮，或是将啤酒盛装在美丽的酒杯中，一定会让你更爱啤酒。在不同的地点、时刻和心情下，我们在生理上也会产生不同的反应。不论是精神好还是感冒，心情差、疲倦还是开心，都会影响喝酒的感觉。连湿度都有可能直接影响啤酒（所以不可忽略天气因素），例如以干投啤酒花方式酿制的印度淡色艾尔，浓厚的啤酒花香气在干燥的空气中比较容易散发，反之在潮湿的环境下，味道比较出不来。

搭配的食物

当然，美食会影响品酒，首先是生理学的问题。唾液或口中酸碱值的改变，对味觉影响颇大。某些食物会突显啤酒的某些特殊香气，每种食物相合的气味大不相同。有些啤酒可以百搭，有些啤酒跟特定的食物特别合拍，或是特别适合某一道菜，例如烟熏麦芽酿制的季节啤酒与美味的德国酸白菜，两者的搭配妙不可言。

用眼睛观察

品尝啤酒之前，可得先睁大眼睛看仔细了。

大脑

大脑才是品尝啤酒时所使用的主要器官。喝啤酒并不是狂饮，而是一种全方位的体验。耐心等待，心领神会，用眼睛好好观察之后，再单刀直入地进行真正的品酒重头戏。

酒瓶

一般人与啤酒的初次邂逅，通常通过酒瓶的设计与酒标图案，而啤酒本身则是藏在遮光良好的瓶子里。啤酒瓶和葡萄酒瓶一样，有各种不同的形状，有的是高高的长颈细口瓶，也有的是比利时三料啤酒的矮胖圆弧瓶（steinie）。有些啤酒厂特别重视酒瓶的别出心裁，例如欧瓦乐的泪滴形状酒瓶。无与伦比的啤酒搭配卓越非凡的酒瓶，如同宝刀配宝鞘般相得益彰。

酒标

除了法定必要标识之外，每张酒标都诉说着一个精彩的故事。由于印度淡色艾尔啤酒有着神秘的起源，因此酒标上通常画着大象或帆船。巴黎啤酒厂Gallia的酒标采用了19世纪同名酒厂的插图设计，画着一只大大的公鸡。还有些啤酒厂会礼聘知名刺青大师，为其产品点缀现代风格。虽然理性的啤酒爱好者不会忽略酒标上的每个小字，但是承认吧，没有人不喜欢漂亮的酒标！

为什么啤酒会有渣？

有些啤酒装瓶前未经过滤或消毒，瓶底的沉淀物就是活的酵母。最好将瓶子直立存放，避免摇晃沉淀物，不喜欢的人可留下瓶底少量啤酒不喝。

色泽

再次强调，啤酒的颜色并不是评判味道的可靠标准。啤酒的颜色只能推测麦芽的烘焙程度和风味，看不出来自啤酒花或发酵过程产生的香气。当然，颜色还是可以提供一些评判标准的。颜色非常淡的金黄色啤酒比较少有谷物的鲜明香味，而是强调清爽口感。而从稻草黄到琥珀色，还有各种铜色系列色泽的啤酒，通常具有麦芽的香气，充满焦糖、饼干或坚果的风味。至于颜色更深的啤酒，则会出现经典的烧烤、咖啡或巧克力的味道，只是浓烈程度不同。

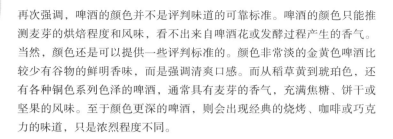

稠度

从色泽无法看出啤酒的含糖度，但是从倒酒步骤可略知一二。帝国世涛（imperial stout）或比利时三料等味道醇厚的啤酒，流动较为缓慢，类似糖浆。帝国世涛有时被称为"石油"，除了因为色泽相似，还在于其稠度。摇晃一下酒杯，啤酒会在杯壁上留下一些漂亮的挂杯。

泡沫

泡沫不只让啤酒看起来更好喝，内行人还能从中看出不少奥妙。泡沫的外观与性质受到许多因素影响，尤其是使用的原料。添加未发芽的谷物能制造出非常细致的气泡，并产生大量泡沫，而燕麦丰富的油脂也会显示在外观上。富含树脂的啤酒花作为活性介质，能更久地将气泡"俘虏"在啤酒液中。

清澈度

有些啤酒看起来很混浊是正常的，比如小麦啤酒，因为小麦的蛋白质含量比大麦多。不过某些风格的啤酒若是变得混浊，情况就不太妙了。把杯子放在光源前检查看看，你的啤酒是清澈，混浊，透明，不透明，具有光泽，还是黯淡无光呢？

用鼻子闻香

享用啤酒的味道之前，先享受气味。

嗅闻

选择杯口缩窄的酒杯，入口前才能聚集香味。将啤酒倒入酒杯，以旋转的方式轻轻摇晃杯子。不用深呼吸，也不用刻意或使劲，轻而短暂地嗅几下，并且重复嗅闻多次，尝试区分不同的气味。

温度

温度扮演的角色也很重要。如果你喝的是世涛啤酒，烧烤与咖啡的气息会扑鼻而来，有时在低温时也能闻到这两种气味；巧克力的香味则需要较高的温度才能彻底释放。

香气分子

啤酒里充斥着数以千计的香气分子，有些需要通过味蕾感受，有些需要通过鼻子分辨，有些从两者都能体会到。某些香气分子与空气接触后会自然挥发，冒着泡泡的啤酒尤其挥发得快。以鼻子嗅闻能捕捉这些飘散的香气分子，分子经由鼻腔来到嗅觉接收器附近，再通过神经传送信号传到大脑主管嗅觉的区域。

联想

某些香气分子可以唤起人们大脑中的记忆。如果你喝的是金黄色啤酒，天气又刚好有些热，植物的香气轻而易举就能让你联想到收割季节的麦田。哪怕需要不时修正，也不要犹豫在分析香味时注入想象力，例如普鲁斯特的玛德莲蛋糕。还有硫黄的味道，虽是个严重的瑕疵，却也可能让你联想到童年时家里养鸡的笼子，美好的回忆因此浮现。

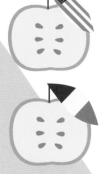

别被字面迷惑了

某些精酿啤酒厂喜欢在酒标上介绍啤酒的各种味道，虽然这么做很有意思，但不能尽信。美国有名的卡斯卡特（Cascade）啤酒花带有传奇的葡萄柚香气，但是这种香气只符合加利福尼亚州种植的葡萄柚，因为销售到欧洲的葡萄柚是另一个品种，香气也不同。

别着急

朋友都已经乐在其中，你却还是闻不出什么香味……别担心，没有什么好着急的，喝啤酒应该是很愉悦的事啊！除非你是品酒专家，否则你的嗅觉成为最发达器官的概率很低。要训练嗅觉，必须借由创造新的神经联结来重新教育大脑。大脑会慢慢习惯如何辨认、区分并分类气味。感官分析是一项知易行难的工作，尤其是一次品尝了12种啤酒之后，你的嗅觉很可能会精疲力竭。

 让嗅觉重新启动

你已经品尝了数种啤酒，但还是闻不出它们的味道吗？那是因为大脑掌管嗅觉的区域塞满了信息，罢工了！你可以提供一些练习，让它重新集中精神。葡萄酒的闻香大师有时会在品酒过程中闻咖啡豆，以重新唤醒嗅觉。你可以用更简单的方式，闻自己的手，或是闻一些更浓、更熟悉的味道。

用嘴品尝

让啤酒流过口腔、流入喉咙，才能真正"感觉"到啤酒的味道。

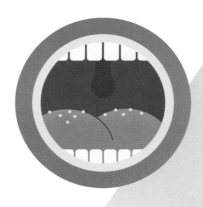

怎么喝？

口腔内敏感的神经，会在第一时间对啤酒的温度表达意见，然后由布满上万个味蕾的舌头接手品尝的任务。长久以来，我们以为味蕾才是辨识味道的主角。它们在舌头上分布的区域不同，尝到的味道也不同。事实上，口腔中液体与食物的动态，才真正主宰了整体的味觉感受。

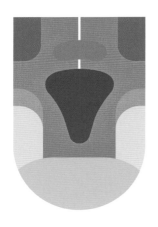

舌头奥妙

以啤酒来说，嘴里的感受来自酒体，亦即稠度、气泡、油脂或苦涩感。舌头可以尝出的基本味道有甜、咸、苦、酸以及鲜味。鲜味难以具体形容，但它能提升其他味道给人的感受。各种味道之间的差异事实上更微妙，你的舌头其实可以分辨出葡萄糖、蔗糖、柠檬酸、乳酸或醋酸的味道，这还只是列出最常见的几种而已。关于味觉，一切都是训练与经验的积累。

鲜味

将鲜味列为第五种基本味道，已成为料理界的共识。鲜味指的是从某些食物中发现的甜美、丝滑、令人生津流涎的感觉。成熟的西红柿、陈年的奶酪（如帕玛森干酪）或干香菇，都会带有这个味道。鲜味不仅能补足并平衡食物的美味，对啤酒也有一样的效果。

鼻后嗅觉

舌头不是口腔内唯一的品尝器官。口腔内部的"鼻后嗅觉"可令嗅觉重新扮演决定性的角色。啤酒与口腔接触时温度会升高，使数以千计影响啤酒特性的香气分子变成挥发状态。这些香味会经过喉咙通往鼻腔，由嗅觉接收器进行分析，因此可算是嗅觉第二次捕捉啤酒香味。香味是一种气味，不是口味，却能让口中食物的味道更加完整。

品尝的顺序

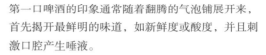

第一口啤酒的印象通常随着翻腾的气泡铺展开来，首先揭开最鲜明的味道，如新鲜度或酸度，并且刺激口腔产生唾液。

第二阶段则由舌头主导，探索甜味与苦味，同时启动鼻后嗅觉。这时我们会遇到需要辨别与分析的复杂气味，也能够逐渐领会到啤酒酒体的奥妙。

最后一个阶段是残留在口中的尾韵。喝下啤酒之后，舌根或喉咙前端感觉到的味道会持续一段时间，因为这两个地方也有味蕾。这个味道通常偏苦味与木质香，而且能延续好几分钟。

慢慢来

啤酒第一次入口的时候，你可能会对某个味道（例如苦味）感到惊奇，并且被这个味道吸引了全部的注意力。接着集中精神再喝一口，唾液会中和并减缓这个味道，而你的大脑也已经有了准备，此时能更好整以暇地品尝啤酒"万花筒"般的味道。

品酒记录表

养成记录品酒过程的好习惯，
无论是业余爱好者还是经验丰富的鉴赏家都将受益匪浅。

日期	啤酒厂牌	酒精度
	啤酒名称	国际苦度值（IBU）
	啤酒风格	日期

□ 玻璃瓶　□ 易拉罐　□ 现压生啤　□ 桶装

▼ 视觉

泡沫

密度

0　1　2　3　4　5

稳定度

0　1　2　3　4　5

清澈度

◆ 清澈

◆ 不透明

◆ 混浊

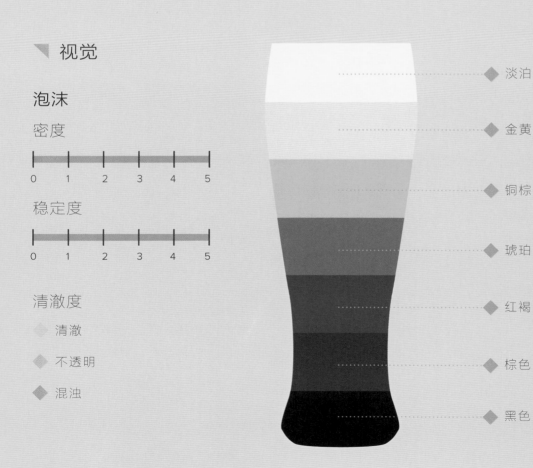

淡泊

金黄

铜棕

琥珀

红褐

棕色

黑色

▼ 嗅觉

强度

0　1　2　3　4　5

香气

....

▼ 味觉

酒体

0　1　2　3　4　5

尾韵

0　1　2　3　4　5

气泡

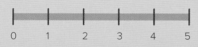

0　1　2　3　4　5

滋味

....

第一口感受

....

第二口感受

....

尾韵感受

....

▼ 均衡度

0　1　2　3　4　5

评语

....

....

为什么要为啤酒评分?

为了能更好地欣赏啤酒。品尝的技巧是一种感官的分析练习，可以从不同且多元的角度研究啤酒，详细分辨啤酒包含的所有味道。下一页的风味图表对于辨识这些气味非常有帮助。选一个适合你的版本（纸质版或电子版），记得分类归档时要尽量精确，方便查找。重新品尝一款已经喝过的啤酒也很有趣，若产生和第一次不同的感受，很可能是由于酿酒师在酿造方法上的变化（蓄意或无心）、保存方式的差异，或侍酒的方式不一样。变化也有可能来自你本身。只要稍加练习，你的品味敏感度就会提升，品尝啤酒的境界也会再进一步。不过千万别往吹毛求疵的方向前进，要是变得钻牛角尖，还不如什么也别问，享受单纯的喝酒乐趣就好。

网络评价

网络的普及催生了许多爱好评分的业余评审，通过智能手机的应用程序或网站来增加自己的知名度。RateBeer、BeerAdvocate和Untappd都是这类型网站的翘楚。上面的评价也许是中肯的，不过品尝啤酒还是以自己的喜好为优先才是。因为这些评审者大多生活在美国，饮食的习惯、背景与我们都不相同，在味觉的喜好上难免会有差异。

滋味与风味图表

这份图表仅列举主要味道与感受，
并尽量对每种啤酒的口感都进行精确的描述。

基本味觉

甜味	咸味

苦味	酸味
含糖量不高	柠檬酸（柠檬）
清爽	乳酸（酸气）
树脂	醋酸（醋）

鲜味

水果

苹果
青苹果
啤梨
李子
红色果实
香蕉
热带水果
（芒果、百香果、菠萝……）
柑橘
（葡萄柚、柳橙、柠檬……）

口腔感受

清凉	灼热

酒体	涩口
浓稠	

气泡	油脂
小气泡	油润
大气泡	奶霜

坚果

榛果
核桃
杏仁
椰肉

谷物

香料

胡椒
丁香
甘草
肉桂
芫荽籽

花香

玫瑰
紫罗兰
天竺葵

草本植物

割过的草
干燥树叶
稻草
薄荷
煮熟的蔬菜
罐装玉米

烘烤香

烤吐司
焦味
巧克力
咖啡

酚味

丁香
药物
止咳糖浆

乳制品

牛奶
鲜奶油
奶油
奶酪

其他香气

焦糖
香草
蔗糖
口香糖

土壤气息

蘑菇
灰尘
地窖

油味

肥皂
山羊奶酪

碳氢化合物

塑料
指甲油
油漆

硫味

臭鸡蛋
马厩
麝香

氧化

纸张
纸箱

酒精

金属

木头

基本香味（气味）

啤酒味道的各种来源

决定或影响啤酒味道的因素很多，
认识不同味道的来源，更有助于分析与解读。

谷物

玉米

面包、饼干

坚果

糖、焦糖

李子

柠檬酸

奶霜

蔬菜

甘草

红色果实

烘烤麦芽

烤吐司、烘焙点心

咖啡

巧克力

红色果实

杏仁

啤酒花

树脂

热带水果

柑橘

蔬菜

花卉

草本植物

啤酒酵母发酵

苹果、啤梨

青苹果

香料（丁香）

奶油

香蕉

硫味

酒精味

溶剂味

乳酸菌发酵

酸（乳酸）

酒香酵母发酵

皮革、马厩
玫瑰、天竺葵

细菌感染

醋酸味
灰尘
蘑菇
臭脚丫
帕玛森干酪

与氧气接触

纸造模
纸箱

苦味，与众不同的味道

苦味与啤酒的关系密不可分，
甚至可以说耐人寻味的苦是啤酒的主要特色。

爱上吃苦

人类对于苦的鉴赏与喜爱并非出自本能。试着让小孩吃一点啤酒花，他的反应就可以说明一切。在大自然中，苦味经常是植物带有毒性的警告信号。根据达尔文的物竞天择理论显示，人类对于苦味的负面反应，让我们的祖先免于中毒身亡。不过富有实验精神的老祖先经过不断尝试（或许还经历了一些死亡），筛选出了许多无毒又可口的苦味植物，例如菊苣、苦菊、芝麻菜，甚至包括黑巧克力（可可）。

苦味的功效

虽然苦味是经过后天学习来的，但不代表对人体完全没有好处。苦味能刺激消化，舌头一旦感觉到苦味，唾液腺就会开始分泌唾液，肝脏也会增加胆汁分泌。此外，苦味分子（尤其来自啤酒花的苦味分子）能帮助调节肠道菌群的平衡，对于预防肠道病菌寄生也相当有效。

顺应潮流

美食跟所有事物一样，都会受到潮流的影响，苦味自然也不例外。19世纪末至20世纪初，欧洲出现了不少带有苦味的酒精饮料，例如以葡萄酒和金鸡纳树皮为原料的丽叶利口酒（Lillet），或是以龙胆草根酿制的苏兹利口酒（Suze）。在第二次世界大战后的数十年间，大众饮食习惯逐渐改变，食品与饮料中的含糖量越来越高，苦味几乎变成必须被掩盖的瑕疵，或是不能逾越本分的残留味道。

洗刷污名

一直到最近30年内，新生代酿酒师纷纷涌现，人们对苦味的坏印象才得以被扭转。这还要归功于精挑细选的啤酒花新品种，以及不断进步的酿造方法。苦味逐渐成为啤酒的必要特色，人们甚至设立了国际苦度值，借由测量啤酒中的α酸浓度来判定苦味程度。

丰富的香气

现今超过200种的啤酒花品种，为啤酒提供了无比广大的香气图谱，从果香、花香到辛辣的香气，应有尽有。而根据品种和风土条件，每种啤酒花内含的α酸成分（葎草酮、伴葎草酮、类葎草酮……）也会呈现不同的比例，进而表现出不同的苦味，例如干苦、清新、辛辣、树脂味等。

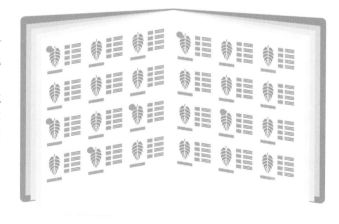

区别苦与涩

"苦"和"涩"常被混为一谈，有时连专家也会搞错。苦味是由味蕾直接接收的味道，涩味则是味蕾与某些分子（如单宁）接触时的黏膜收缩反应，两者皆可刺激唾液分泌。葡萄酒中的单宁来自葡萄皮或葡萄籽，啤酒中的单宁则来自某些烘烤麦芽、一般麦芽，或是含有某些矿物质浓度较高的水与啤酒花之间的反应。

瑕疵的味道

一不小心没酿好，啤酒也有可能出现瑕疵或不好的味道。
至于具体会出现什么样的瑕疵或出现的概率，则因工业啤酒或精酿啤酒而有所不同。

硫黄的臭味

运气不好的时候，你手中的啤酒会闻起来像臭鸡蛋或马厩的味道，这种臭味通常是因为啤酒在发酵期间受到微生物感染而产生的。

光线造成的臭味

绿色玻璃瓶无法滤除的紫外线会分解来自啤酒花的香气分子，产生令人不愉快的麝香、大蒜或硫醇（家用瓦斯）味道，魁北克人称之为"臭鼬味"。只有棕色玻璃瓶或不透光的包装才能为啤酒提供适当的"保护"。

青苹果味

品尝手工精酿啤酒时，有时会发现一股意外的青苹果味，近似"史密斯奶奶"（Granny Smith）这个品种的苹果味道，而且很快就会变得令人不悦。这个瑕疵来自乙醛，代表啤酒发酵不完全，还需要更多时间熟成。

瓶底的云状物

集中在瓶底的沉淀物质不仅不会消退，还会让啤酒变得混浊，虽不至于令人生病，但看起来就很难喝。沉淀的云状物来自麦芽的蛋白质，出现这种问题无法可解，不如换个酒厂的产品试试看吧。

刺鼻酒精味

灌下一大口啤酒，却闻到恼人的刺鼻酒精味。这个味道来源并非乙醇，而是杂醇油，当发酵过程中酵母数量太多或温度太高时就会出现。这种瑕疵较常出现在风味浓厚的工业啤酒中，精酿业者比较能够适时做出调整。这种啤酒最好别喝太多，否则绝对会让你头痛欲裂。

融化的奶油口感

舌尖上的融化奶油口感起初会令人惊奇，不过很快就会感到恶心。这个由丁二酮引起的瑕疵，代表发酵过程没有控制好。若控制得当，酵母在发酵过程的尾声应该会重新吸收丁二酮分子。丁二酮与色泽较浅、酒精度低的啤酒尤其不合，但要是世涛啤酒或大麦酒里有少量的丁二酮，反而能让酒体更为醇厚。

失禁的啤酒瓶

打开一瓶存放完好的啤酒，啤酒却像喷泉一样，几乎半瓶都洒在地上。这是因为外来细菌入侵了啤酒瓶，吃掉啤酒里剩余的糖分，并产生了额外的二氧化碳。要小心这些瓶子，很有可能会爆开哦！

葡萄酒与啤酒的对决

有人说葡萄酒比较好，有人说啤酒比较好。真的有必要选边站吗?

新参与者

对于爱喝酒的法国人来说，啤酒是小众，他们对这种饮品一向没有太多想象力。不过潮流在变，越来越多的人爱喝高质量的啤酒，带动新酒厂的成立，改写了法国的啤酒版图，也挑起了啤酒与葡萄酒的竞争。现在就来分析一下两边的战斗力吧!

价格

啤酒抢先得分! 不是没有10欧元（约76元人民币）以下的葡萄美酒，但质量大都一般。一般质量的啤酒一瓶（750毫升）平均价格为4.5—7.5欧元（约34—57元人民币），顶级啤酒则大约15欧元（约113元人民币），价格亲民，不用花大钱也能享受品酒乐趣。

丰富香气

葡萄酒与啤酒的基础味道虽然不同，但经验丰富的行家还是能察觉两者之间的相似性，例如单宁口感，或是发酵带出来的果香。值得一提的是啤酒花所扮演的角色，例如具有热带水果芳香的新西兰尼尔森苏维（Nelson Sauvin）啤酒花，可以说是对苏维翁（sauvignon）葡萄的崇高致敬。

巧搭美食

法国人长久以来习惯以葡萄酒佐餐，然而近年来持续发展的各类酒精饮料正悄悄改写局面。人们运用共鸣、对比或互补的搭配技巧，尽情探索各种啤酒风格与味道的多样性。无论是什么类型的佳肴，总有一款啤酒会赋予它新的灵魂。

文化密码

食物与文化密不可分，酒精也是一样。在过去的20年里，无论是葡萄酒还是啤酒的形象都在慢慢改变。生产者不断反思、创新酿造方式，不仅提升了酒的质量，而且塑造了文化的新语言，以迎合更挑剔的消费者。

走向普及化

从某些方面而言，现在的法国啤酒界"文青"气息太重，大多由啤酒狂热分子主宰，他们过度使用英语词汇，盲目追求流行。不过还是有不少啤酒酿酒师开始用更简单的方式向大众解说啤酒世界的奥妙。

高卢时代的啤酒

虽然尚无直接证据，不过古代欧洲的高卢人早就认识啤酒，也热爱喝啤酒。

☐ 无啤酒花的啤酒

欧洲历史上的第一批啤酒出现在伊比利亚半岛，推测距今3500年前，几乎跟人类的农业历史一样悠久。当时人们还不会用啤酒花，不过他们会添加其他植物来改良啤酒的味道并延长啤酒的保存期，例如艾草，或是能增加飘飘欲仙感的天仙子。

☐ 罗马人不屑一顾

啤酒在法老时代的埃及享有盛名，然而当时的欧洲大陆对这种谷物发酵饮料却嗤之以鼻。对于爱喝葡萄酒的罗马人而言，啤酒只是酸臭、发霉又难以消化的饮料，只适合用来灌醉蛮族，因为这些野蛮人不懂礼仪，喝啤酒都不加水……不过啤酒在罗马帝国周边地区仍相当受欢迎，当时的高卢人和伊比利亚半岛上的民族，会用大麦和小麦为原料来酿制麦酒（cervoise），可算是现代啤酒的前身。北欧民族则偏爱用燕麦酿制啤酒。

☐ 时代的记录

某些伟大的作家不仅为世人留下了珍贵的思想结晶，也为我们记录下了当时啤酒酿制的宝贵见证。公元前2世纪的波希多尼（Posidonios d'Apamée）描述了一种由小麦和蜂蜜制成，并且专供贵族阶级享用的啤酒（当时贵族也喝进口葡萄酒）。在公元1世纪时，罗马博物学家老普林尼（Gaius Plinius Secundus）花了很长一段时间拜访意大利北部、高卢和西班牙一带的凯尔特人（Celtes），并将他尝过的所有啤酒都记录下来。该资料指出，当时用于发酵的酵母是人们在无意中发现的，而且酿酒师会在发酵后收集渣滓，供妇女作为美容用品。老普林尼认为，高卢人有能力酿造质量极佳并具陈年功力的啤酒。

日常实践

虽然在古代欧洲人的社会、饮食甚至神话中，没有直接证据证明啤酒的存在，但我们还是可以从考古学得到一些补充信息。那时候的容器通常由黏土制成，上面多少保留了谷物饮料的痕迹。法国政府推动预防性考古（archéologie préventive），避免现代工程破坏古迹，让学界进一步研究高卢人的历史。受惠于这项政策，现在我们知道高卢人的农业技术远远超过其邻居罗马人，而且大部分的大型农业设施都设有发麦与酿造区。

新流行

随着罗马帝国开疆拓土、扩大统治范围，饮用葡萄酒的罗马人与喝啤酒的蛮族之间的划分也越来越不明显。接下来的几个世纪，一波又一波的移民带来了属于他们自己的啤酒味道。军队中来自不同生长背景的士兵，对于葡萄酒或啤酒同样喜爱。位于英格兰北部的文德兰达要塞（Vindolanda），是公元2世纪的重要堡垒，后人在这座遗迹中发现了一千两百多片木牍残片，其中十多片记载了当时士兵的日常饮料，也就是啤酒的酿造信息。

CHAPITRE

N° 5

啤酒风格知多少

啤酒"风格"这个概念，有点类似葡萄酒的产区名称，

能为饮用者提供关于这瓶酒的特色的线索。

从前，在特定的环境条件下，

人们通过不同的酿制方式和原料，

创造出风格迥异的啤酒，让啤酒具有五花八门的味道与颜色。

随着酿酒技术与时俱进，现在不论身处何方，

酿酒师都能发挥自己的创意，酿制各种风格的啤酒。

关于风格这种事

请抛开金色、棕色或琥珀啤酒的分类，
以风格来界定啤酒的属性不仅详尽，准确度也更高。

什么是风格？

风格是根据特定的指标对啤酒进行分类的标准，包括酒精含量、酵母的性质、使用的谷物和麦芽、啤酒花的种类，还有其他许多会影响啤酒味道与特性的因素。

技术的问题

葡萄酒的命名以风土为主要依据，以技术为重的啤酒则完全相反，采用配方及原料为命名标准。啤酒虽然有德系或比利时系这种风格分类，但从理论上来看，世界上任何一个啤酒厂只要具备必要的环境和技术，都可以复制这些听起来很有"地域性"的啤酒。

悠久历史造就多元化

经过调查发现，目前全世界仍在酿制的啤酒风格超过140种，这些啤酒都是为了适应当地环境的限制，并通过经验与实验所得到的手艺结晶。例如捷克波希米亚地区的皮尔森啤酒或英国的波特啤酒（porter），都是因当地特别的水质而诞生的啤酒。来自巴伐利亚的酵母小麦啤酒（Hefeweizen），结合了优良小麦以及流传了几个世纪的特选酵母菌株，这种酵母菌能赋予啤酒丁香和香蕉的香味。从历史观点来看，之所以英国人为波罗的海市场酿造的帝国世涛啤酒酒精含量高，是因为这样的配方能延长保存期。

风格一览

是谁定义了啤酒的风格？这个问题没有答案。某些类型的啤酒很容易就能被期待某些口味特征的消费者辨识出来，但啤酒的风格并非一成不变。以波特啤酒为例，知名的啤酒专家兰迪·穆沙（Randy Mosher）就曾开玩笑地说，三个世纪以来，波特啤酒每换一代掌门人就换一次风格。现今，有许多出版物或网站提供啤酒风格列表，上面的分类标准有时会引起争论。目前最具公信力的参考指标，是以推广啤酒文化为宗旨的美国啤酒评审认证协会（BJCP）的评审。

百无禁忌

说起啤酒的命名风格，另一个与葡萄酒不同的地方，在于它没有任何强制性的规定。除非你是参加比赛，那就另当别论了。风格分类属于宣传性质，甚至带点追逐流行的味道。例如有些啤酒商宣称自己的啤酒是印度淡色艾尔风格，喝起来却没有印度淡色艾尔所要求的苦味特色。这种"灵活性"为许多新创啤酒、变化版啤酒或混合啤酒预留了自由发挥的空间。

 法国例外：金色、棕色、琥珀啤酒

法国啤酒消费者喜欢以颜色来分类，几乎可以算是缺乏啤酒传统的国家所遵循的潜规则。一般而言，所谓的金色啤酒通常酒精度较低且带点甜味，棕色啤酒更甜，琥珀啤酒则偏苦。不过这些特色都是由啤酒商定义的，他们可以根据技术和原料的不同来变换参考指标。所以金色啤酒可以变苦，琥珀啤酒的口感也能柔和绵密且香气馥郁。

艾尔型啤酒

通常指浅色的英国啤酒（与世涛啤酒或波特啤酒相比）。

英式上层发酵

艾尔（ale）这个词有点模糊，它来自斯堪的纳维亚，原意为谷物制成的发酵饮料。在啤酒花被用作啤酒的防腐剂与增添香味的利器之后，出现了"啤酒"（beer）一词，艾尔就变成了"古法酿制"啤酒的代表。在接下来的几个世纪里，艾尔成了啤酒的代名词，直到20世纪出现拉格（lager）为止。从此，艾尔这个词变成特指上层发酵的啤酒，与下层发酵的拉格啤酒有所区别。若从颜色来看，金色和琥珀色的啤酒大多属于艾尔啤酒。

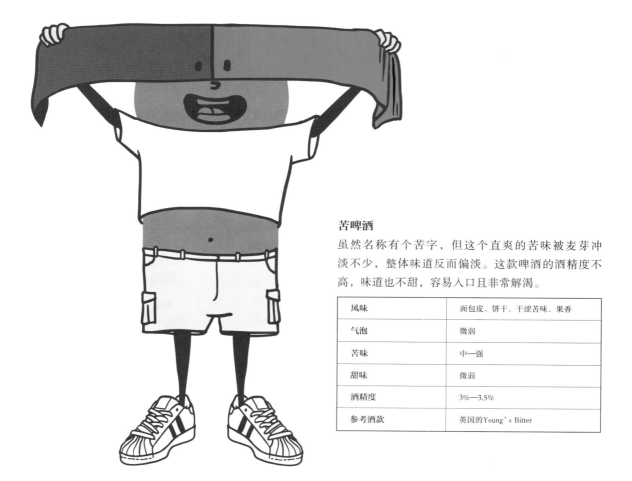

苦啤酒

虽然名称有个苦字，但这个直爽的苦味被麦芽冲淡不少，整体味道反而偏淡。这款啤酒的酒精度不高，味道也不甜，容易入口且非常解渴。

风味	面包皮、饼干、干涩苦味、果香
气泡	微弱
苦味	中—强
甜味	微弱
酒精度	3%—3.5%
参考酒款	英国的Young's Bitter

淡色艾尔

这个名字虽然很常见，但没有实质的定义，很难为这款啤酒的风格划定界线。麦芽的香气在典型的啤酒花苦味衬托下更为明显，尤其是英国品种的法格瓦拉（Fuggles）或金牌（Golding）啤酒花。

风味	麦芽、树脂、土壤、花香、果香
气泡	强
苦味	中—强
甜味	中
酒精度	4.5%—6%
参考酒款	法国Brasserie de la vallée de Chevreuse 酒厂的Volcelest Blonde

大麦酒（Barley Wine）

从词义上来看就是大麦酿的酒。这款风格浓厚的啤酒通常装在橡木桶中熟成，层次丰富，随着岁月增加而散发出人意料的香气。

风味	麦芽、饼干、焦糖（太妃糖）、果香（樱桃）
气泡	微弱
苦味	中
甜味	中
酒精度	8%—12%
陈年功力	最多10年
参考酒款	法国Brasseriedes Garrigues酒厂的Sacrée Grôle

苏格兰艾尔（Scotch Ale）

虽属于上层发酵，但发酵温度较一般略低，可保留少量芳香分子，让麦芽散发出浓烈的香气，并带有些许泥土味和烟熏味。

风味	麦芽、焦糖、土壤、烟熏
气泡	中
苦味	不易察觉—微弱
甜味	中—强
酒精度	5%—10%
参考酒款	苏格兰Traquair House酒厂的Jacobite Ale

印度淡色艾尔

苦味与果香交织，是20世纪80年代美国精酿啤酒全面复兴的源头（进而扩散至世界各地）。

诞生于19世纪

印度淡色艾尔啤酒的名称始自19世纪。当时伦敦的Hodgson啤酒厂位于东印度公司的码头附近，他们为前往印度的水手们提供了一款风格强烈的啤酒，具有明显苦味及鲜明的啤酒花香气。这种啤酒在英国本土及殖民地皆大受欢迎，直到20世纪初才逐渐退烧。20世纪70年代，啤酒花从业者培育出富含 α 酸且香气更浓的新品种。第一批美国加利福尼亚州啤酒厂尝试了这种啤酒花，酿造出苦味强劲却极为顺口的成品，还带有浓烈的柑橘清香。但是他们不知道这款独一无二的啤酒应该属于哪种风格，所以选用了一个几乎已被遗忘的古老名称——印度淡色艾尔啤酒。

美式印度淡色艾尔

美国版的印度淡色艾尔使用了大量香气馥郁的啤酒花，强调果香风味。在发酵过程结束后，会增加干投啤酒花的程序，在啤酒中浸泡额外的啤酒花，以求达到前述的效果。

风味	柑橘、热带水果、松针、焦糖
气泡	中—强
苦味	强—极强
甜味	微弱—中
酒精度	5%—7.5%
参考酒款	法国Brasseursdu Grand Paris酒厂的IPA Citra Galactique

双料印度淡色艾尔（帝国印度淡色艾尔）

比经典的印度淡色艾尔更结实强劲，酒精度更高，而且具有爆发性的苦味与树脂清香，是内行鉴赏家的最爱。

风味	柑橘、热带水果、松针、焦糖
气泡	中
苦味	强—极强
甜味	微弱—中
酒精度	6%—10%
参考酒款	法国Skumenn酒厂的Delhi Delhi

英式印度淡色艾尔

自20世纪以来，这个啤酒配方变动过数次。现在我们将这种风格理解为用英国啤酒花酿制的印度淡色艾尔，味道与它的美国表亲大不相同：草本特色更多，树脂苦味更少，果味和花香更深层细致。

风味	花香、胡椒、青草、柠檬、柳橙、焦糖
气泡	中
苦味	强
甜味	微弱—强
酒精度	5%—7.5%
参考酒款	英国Thornbridge Brewery酒厂的Jaipur

新英格兰印度淡色艾尔

虽然挂着印度淡色艾尔的名号，但这款啤酒却只有淡淡的苦味，而且近似果汁的风味令人惊艳。由于习惯添加燕麦与乳糖酿制，啤酒酒体看起来十分绵密，细致如霜。

风味	果香、柑橘、热带水果
气泡	中—强
苦味	不易察觉—微弱
甜味	微弱—中
酒精度	4%—10%
参考酒款	美国The Alchemist酒厂的Heady Topper

英式深色艾尔

这些源自英国的啤酒不仅以其颜色著称，而且带有烘烤气息的单宁风味也相当出众。

烘焙麦芽

尽管颜色不是评判啤酒风味的精确指标，但接近深黑的色泽却是这个类型啤酒最明显的特征之一。其所使用的麦芽经过150℃以上的高温烘烤，只需一点点的麦芽就足以释放极为独特的咖啡或巧克力香气。18世纪时，使用烤麦芽酿制的波特啤酒因价廉物美，广受码头搬运工的欢迎。

波特啤酒

于18世纪初开始出现在伦敦街头，其特别之处在于以烘烤麦芽为原料，除了让啤酒产生极深的色泽，也带来了偏咖啡与巧克力味道的烘焙气息以及微微的单宁味道。烘烤麦芽最初的目的，是为了降低水的酸碱值，让酿造出来的啤酒口感更圆润。波特啤酒还有一款更强烈的版本——浓郁型波特（robust porter）。

风味	烧烤（适中）、巧克力、咖啡、焦糖、榛果
气泡	微弱
苦味	适中
甜味	中
酒精度	4%—5.5%
参考酒款	法国Brasserie Thiriez酒厂的Maline

世涛

世涛啤酒可以说是波特啤酒的加强版，相比之下，世涛具有更明显的烧烤与咖啡气息，色泽更深，单宁也更突出。有些品牌以氮气替代二氧化碳，为啤酒带来如奶油般丝滑的质地与口感。

风味	咖啡、烧烤、巧克力、甘草
气泡	微弱—强（细致氮气）
苦味	微弱—中（有时会与涩味混淆）
甜味	轻微—强
酒精度	4%—6%
参考酒款	英国Meantime酒厂的London Stout

帝国世涛

传统上，这款啤酒是英国专为波罗的海市场酿造的版本，口感丰富且多层次，浓稠如丝绒般的质地非常耐人寻味，令人几乎察觉不到酒精的存在。

风味	烤吐司、咖啡、黑巧克力、杏仁、红色果实
气泡	中
苦味	微弱—强
甜味	中—强
酒精度	8%—12%
参考酒款	法国Brasserie Corrézienne酒厂的Boris Goudenov

燕麦世涛

燕麦成分使这款啤酒呈现如燕麦粥般的浓稠质地，并带有巧克力色调，让啤酒看起来更秀色可餐。

风味	绵密丝滑、巧克力、牛奶咖啡
气泡	中—强
苦味	微弱
甜味	中—强
酒精度	4%—6%
参考酒款	法国La Débauche酒厂的Menestho

小麦啤酒

小麦让啤酒口感更清爽，并散发柑橘芳香。

所谓的"白"啤酒

请注意，白啤酒指的就是小麦啤酒，而德文正是混淆视听的罪魁祸首。小麦啤酒的德文为Weizenbier，源自weisse（意指白色），色泽通常看起来有些混浊。法国消费者会感到困惑，因为法国的白啤酒色泽接近金黄色，甚至颜色更深一点，有点类似德式深色小麦啤酒（dunkelweizen）。

小麦啤酒（Weizenbier或Weissbier）

来自巴伐利亚地区的啤酒，以烘焙小麦为主要成分（约占70%）。使用专属酵母菌，带来典型的香料（丁香）与水果（香蕉）气味。这款风格衍生出清澈版的水晶小麦啤酒（kristallweizen）与混浊版的酵母小麦啤酒（hefeweizen），后者的酵母与香料风味更鲜明。

风味	清新、丁香、香蕉、香草、面
气泡	强
苦味	不易察觉—微弱
甜味	中—强
酒精度	4.5%—5.5%
参考酒款	德国Paulaner酒厂的酵母小麦啤酒

德式深色小麦啤酒

这个版本的小麦啤酒特点是使用重度干燥的麦芽，颜色较深，具有麦芽和焦糖的香味。

风味	麦芽、焦糖、丁香、香蕉、香草、葡萄
气泡	强
苦味	不易察觉—微弱
甜味	中
酒精度	4.5%—5.5%
参考酒款	德国Franziskaner酒厂的酵母小麦深色啤酒（Dunkel Hefeweissbier）

柏林酸小麦（Berliner Weisse）

以前，这款啤酒是"柏林限定版"，由于它非常清凉解渴，受欢迎的程度渐渐扩散到了柏林以外的地区。麦芽汁在糊化与煮沸的过程中所产生的乳酸菌，让该啤酒具有令人惊喜的酸度。

风味	酸味、柠檬
气泡	强
苦味	不易察觉
甜味	微弱
酒精度	2.5%—3.5%
参考酒款	法国Brasseriedu Mont Saleve酒厂的柏林白啤酒

比利时小麦啤酒

这款啤酒是德国小麦啤酒的比利时表亲。与德国版本不同的地方在于，比利时啤酒厂在酿制时加入了香料，尤其是苦橙皮与芫荽籽，而且允许以未发芽的小麦为原料。比利时版的酵母味道比较质朴，让啤酒整体更精致淡雅，也更清凉止渴。

风味	清爽、酸味、花香、果香、柑橘
气泡	强
苦味	不易察觉
甜味	中
酒精度	4.5%—5.5%
参考酒款	法国Saint-Rieul酒厂的Blanch

比利时经典啤酒

虽然现今啤酒界为美式啤酒当道，但比利时仍然是经典啤酒风格的掌门人。

酵母王国

比利时的啤酒文化不仅历史悠久，至今仍有各种不同规模的啤酒厂，其中不乏家族经营的酒厂。隐修院与修道院在比利时的啤酒历史上也占有一席之地，类似克吕尼（Cluny）修道院在法国勃艮第葡萄酒发展史上那样关键的角色。比利时啤酒的特殊性，来自几个世纪前精选出来、当地土生土长的酵母菌株。它可让啤酒具有果香、木香和香料的芳香。香料或特殊糖分的添加也很常见，能让啤酒具有更容易辨识的特质。

双料啤酒／三料啤酒

这个名称代表的并不是发酵的次数，这款啤酒只会经过一次发酵。事实上，这个名称来自还未能精准测量酒精度的年代，当时的酒桶上会根据酒精度的浓淡，标示1—3个叉。简单地说，双料啤酒的酒精度约为一般啤酒的两倍，以此类推。入口时麦芽的香气充满口腔，啤酒的口感也丰富而强烈，青草芳香极为明显。酵母有时候可以带出极为浓烈的水果与香料风味。有些比利时修道院啤酒以质量见长，不过在其他地方也能见到精彩的复制版本，例如魁北克。

风味	麦芽、水果干、饼干、青草、苹果、啤梨、木头、香料
气泡	中
苦味	微弱
甜味	中—强
酒精度	6%—7.5%（双料）；7.5%—9.5%（三料）
陈年功力	最多5年
参考酒款	比利时Westvleteren修道院的Trappist Westvleteren 12

季节啤酒

以前的农家会在冬季酿制啤酒，以便夏天提供给农场的工人饮用，所以该啤酒也被称为夏季啤酒或农夫艾尔。这款啤酒独特的果香风味取决于季节酵母的菌株，口感清爽解渴。

风味	柳橙、柠檬、胡椒、酸味
气泡	强
苦味	微弱
甜味	微弱
酒精度	5%—7%
参考酒款	比利时Dupont酒厂的Saison Dupont

窖藏啤酒（Bière de Garde）

这款啤酒可以说是法国版的季节啤酒。酵母在长时间的熟成过程中，能从容地消除一些令人不悦的味道，与季节啤酒最大的不同之处在于其麦芽味更浓郁。

风味	麦芽、圆润、酒精、酒窖
气泡	强
苦味	中
甜味	中
酒精度	6%—8.5%
参考酒款	法国Brasserie Jenlain酒厂的Jenlain ambree

圣诞啤酒（冬季啤酒）

原先是比利时啤酒厂为了迎接下一批收割的谷物，在秋天将啤酒原料库存清空所酿造的成品。颜色接近琥珀，质地细密丰润，添加香料更带来不凡的独特味道。

风味	焦糖、香料、柑橘
气泡	中
苦味	微弱
甜味	中—强
酒精度	6%—8%
参考酒款	法国Brasserie Veyrat酒厂的La Divine

比利时酸啤酒

这种啤酒可以说是微生物的杰作，具有非常经典的酸度。

酸味重现

乳酸菌让这些啤酒具有天然的酸味，会让消费者结结实实地大吃一惊。"酸"这个味道在过去常见于食物中，但是随着冰箱的发明以及消毒观念的普及，酸味逐渐淡出了味觉世界。现在酸味从啤酒世界重整旗鼓，要让它华丽回归还需要不同凡响的专业知识，因为控制啤酒中的乳酸杆菌，酿出优雅的酸度，可不是一件容易的事。

古兹啤酒

这款来自布鲁塞尔的啤酒以大麦和小麦发酵酿制而成。酿酒师会刻意让空气中的有机体（尤其是乳酸菌与酒香酵母菌）接触麦芽汁。在橡木桶中放置6—18个月的啤酒称为兰比克，而严格来说，古兹是由不同年份的兰比克调配而成的。

风味	酸味、果香、土壤（陈年后）
气泡	微弱
苦味	不易察觉
甜味	微弱
酒精度	5%—8%
陈年功力	10年
参考酒款	比利时康迪龙（Cantillon）酒厂的古兹啤酒

水果酸酿兰比克啤酒（Fruit Lambic）

这种水果啤酒会在桶中发酵时加入整颗水果（樱桃、覆盆莓或桃子），野生天然酵母将会萃取整体的香味。樱桃口味的兰比克啤酒又称为克里克（kriek），为佛兰德斯语"樱桃"之意。

风味	果香（尤其是樱桃与覆盆莓）、酸味
气泡	微弱
苦味	不易察觉
甜味	微弱
酒精度	5%—7%
参考酒款	比利时Boon酒厂的Oude Kriek

法柔（Faro）

在兰比克啤酒中添加深色糖块，能让野生天然酵母进行第二次发酵。这个昔日餐桌上的便宜啤酒，如今反倒变得相当稀有。

风味	焦糖
气泡	强
苦味	不易察觉
甜味	强
酒精度	4.5%
参考酒款	比利时Lindemans酒厂的黑糖兰比克（Faro Lambic）

佛兰德斯红色酸啤酒（Flanders Red Ale）

在这款滋味丰盈的啤酒完成传统发酵之后，会在橡木桶中放置18个月。木桶中的微生物会进行第二次发酵，使啤酒具备完整复杂且多层次的味道，甚至带有葡萄酒香。

风味	樱桃、桑葚、巧克力、香草、单宁
气泡	微弱
苦味	微弱
甜味	微弱
酒精度	4.5%—6.5%
参考酒款	比利时Rodenbach酒厂的Grand Cru

拉格型啤酒

"拉格"其实是指下层发酵的方法，人们直接沿用这个词作为啤酒风格的名称。

拉格啤酒是最广为人知的啤酒风格，其应用的多元性值得一探究竟。

下层发酵

源自德文的"拉格"（意为"保存"）泛指以下层发酵为酿制方式的啤酒。葡萄汁酵母是下层发酵的大功臣。传统上，巴伐利亚酿酒师选择葡萄汁酵母，是因为它能在凉爽的酒窖中进行长时间发酵，并且产生芬芳的花香。拉格在啤酒术语中通常代表清澈且酒精度较低的啤酒，口感清爽是它最主要的特征。

皮尔森啤酒

皮尔森可以说是拉格啤酒的天后。捷克版皮尔森使用萨兹啤酒花（Saaz），充满细腻植物与香料的风味。德国版皮尔森则是用当地的高质量啤酒花酿制的。

风味	淡色麦芽、啤酒花、青草、香料、花香、蜂蜜
气泡	强
苦味	强大
甜味	微弱
酒精度	4.5%—5.5%
参考酒款	捷克Pilsner Urquell酒厂的Pilsner Urquell

德式黑啤酒（Schwarzbier）

淡淡的烧烤气息突显出麦芽和焦糖的甜味，也烘托出德国啤酒花的草本香味。

风味	麦芽、淡烧烤味、淡焦糖、青草、清爽
气泡	强
苦味	中
甜味	微弱
酒精度	4.5%—5.5%
参考酒款	法国Demory酒厂的Nova Noire

美式淡啤酒（Light Beer）

低卡路里版的皮尔森啤酒，酒精含量较低，味道也非常清淡，在美国比较流行。

风味	清爽
气泡	强
苦味	微弱
甜味	零
酒精度	2.2%—3.5%
参考酒款	美国百威酒厂的百威淡啤酒（Bud Light）

慕尼黑节庆啤酒（Oktoberfest-Märzen）

传统上在3月酿造，置于凉爽的地窖度过夏季，熟成后于10月啤酒节饮用，又称作梅尔森型啤酒（Märzen）。

风味	烘烤麦芽、淡焦糖
气泡	中
苦味	微弱
甜味	微弱
酒精度	4.5%—5.5%
参考酒款	德国Spaten酒厂的节庆啤酒

拉格型啤酒（后续）

走向全球霸主之路

19世纪之前，只有日耳曼国家在酿造下层发酵啤酒。这是一种可追溯到16世纪的传统，当时巴伐利亚啤酒酿造商发现，某些酵母菌在地窖的凉爽环境中更为活跃，而且经过长时间发酵后，能释放出比传统酵母更醇美的香气。

拜工业革命以及冷却技术的发明之赐，下层发酵的程序得以工业化，让此款风格的啤酒凭着优异的质量迅速攻占消费市场，反而使得上层发酵啤酒逐渐边缘化。

德国老啤酒（Altbier）

源于杜塞尔多夫，以细致果香见长，味道流转于烧烤与苦味之间，尾韵带有榛果精致的风味。

风味	榛果、烤面包、青草、香料
气泡	中
苦味	中（均衡）
甜味	微弱
酒精度	4.5%—5.5%
参考酒款	法国Saint-Georges酒厂的老啤酒

德式淡啤酒（Helles）

颜色近似皮尔森啤酒，但更具麦芽风味，啤酒花的苦韵也较弱。

风味	麦芽风味、烤吐司
气泡	中
苦味	微弱
甜味	中
酒精度	4.5%—6%
参考酒款	德国Hacker-Pschorr酒厂的Münchner Helles

博克啤酒（Bock）

色泽偏深，风味浓厚，具有丰富的麦芽香气。双倍博克（doppel bock）的酒精含量高达10%，首先酿出双倍博克的酒厂将这款产品命名为"Salvator"，其他酿造厂纷纷效仿，以字尾"-ator"为自家啤酒命名，以表示该款酒为双倍博克风格。

风味	麦芽、焦糖
气泡	中（均衡）
苦味	微弱—中
甜味	中
酒精度	6%—10%
参考酒款	德国宝莱纳（Paulaner）啤酒厂的Salvator

博克冰啤酒（Eisbock）

这种独特的啤酒是将发酵后的博克啤酒冷冻而制成的，然后移除冰块，只留下浓缩的香气和酒精。

风味	麦芽、焦糖、李子、葡萄
气泡	微弱
苦味	中（均衡）
甜味	强
酒精度	9%—14%
参考酒款	德国Aventinus酒厂的小麦博克冰啤酒（Weizen-Eisbock）

德国原浆啤酒（Kellerbier）

简单来说，原浆啤酒指的是不杀菌、未过滤，遵循传统酿造法在酒窖内熟成的啤酒。酿制此种啤酒的困难之处在于如何确认啤酒的熟成状态，因直接取自酒桶，啤酒中含有悬浮的酵母，带来霜状口感以及其他拉格啤酒缺乏的香味。

风味	鲜奶油、清爽、奶油、植物
气泡	微弱
苦味	中
甜味	微弱
酒精度	4.5%—5.5%
参考酒款	德国Hacker-Pschorr酒厂的Münchner Kellerbier Anno1417

另类发酵啤酒

在此介绍几款出人意料的奇特啤酒，它们将颠覆你的味蕾，为你开启全新的品酒体验。

五花八门的选择

再次提醒你，啤酒的风格是相对的，它基于技术或原料供应的限制、在当地使用的传统方式，日积月累成为历史文化遗产。虽然拉格主宰了全世界大部分的啤酒（通常很糟，但有时也有很不错的酒），然而近30年来微型酒厂纷纷成立，孤注一掷只为让啤酒风格更多样化。某些啤酒风格，例如印度淡色艾尔，已经获得啤酒爱好者心目中的尊爵头衔，其他还有不少另类风格的啤酒也值得一试。有些可能强调单一特色，有些风味可能令人费解，但无论如何，放开心胸去尝试新啤酒都是非常有趣的体验。

德国莱比锡酸咸风味小麦啤酒（Gose）

从技术方面来说，这款啤酒的小麦比例很高，还加了盐和芫荽籽，并以乳酸菌开启发酵过程。这款传统莱比锡啤酒结合了新鲜清爽和令人惊讶的咸味，近年来颇受欢迎。

风味	清爽、盐味、奶酸味、芫荽、果香
气泡	强
苦味	不易察觉
甜味	极微弱
酒精度	4%—5%
参考酒款	法国Brasseriede Sulauze酒厂的Gose'illa

波罗的海波特啤酒（Baltic Porter）

为了适应波罗的海地区消费市场而酿制的波特啤酒，风味接近帝国世涛，但口感更均衡。

风味	巧克力、烧烤、焦糖、水果干、红色果实
气泡	中
苦味	微弱
甜味	中
酒精度	6%—9.5%
参考酒款	法国La Débauche酒厂的波罗的海波特啤酒

烟熏啤酒（Rauchbier）

其特殊之处在于使用烟熏麦芽，通常以山毛榉木熏制，每个发麦厂的烟熏麦芽品质各有千秋。原则上，任何风味的啤酒都可以使用烟熏麦芽，只是使用量的多寡不同。无论如何，麦芽的香气才是重点。

风味	烟熏（由淡到强）、麦芽、焦糖、烧烤
气泡	中
苦味	中
甜味	中
酒精度	多变
参考酒款	德国Heller酒厂的Aecht Schlenkerla Rauchbier Märzen

黑麦啤酒（Roggenbier）

黑麦啤酒（或称为裸麦啤酒）是用黑麦麦芽酿制的，口感强烈，带有香料气息。此外，还有人加入浅色或烘焙麦芽一起酿制。

风味	黑麦面包、香料、酸味
气泡	强
苦味	多变
甜味	强
酒精度	多变
参考酒款	德国宝莱纳（Paulaner）啤酒厂的黑麦啤酒

加利福尼亚州蒸气啤酒（California Common）

出现于加利福尼亚州淘金时期，是美国本土最早出现的啤酒风格。与众不同之处在于采用室温环境的下层发酵，以保留更多水果芬芳。

风味	果香、木头、植物、焦糖
气泡	中
苦味	中—强
甜味	微弱—中
酒精度	4.5%—5.5%
参考酒款	美国Anchor酒厂的Steam Beer

啤酒风格列表

啤酒的多元风格总是让你未喝先迷茫，犹如迷失在丛林之中吗？
下列表格能为你指点迷津。

下层发酵（拉格）

葡萄汁酵母

皮尔森啤酒

德系啤酒

德式拉格

梅尔森型啤酒
Märzen

德式黑啤酒
Schwarzbier

烟熏啤酒
Rauchbier

德式淡啤酒
Helles

原浆啤酒Kellerbier

博克啤酒
Bock

双倍博克啤酒Doppel Bock

博克冰啤酒Eisbockk

自然发酵

乳酸杆菌、酒香酵母、醋杆菌

兰比克啤酒

古兹啤酒

水果酸酿兰比克

法柔

美系啤酒

美式拉格

美式淡啤酒
Light Beer

加利福尼亚州蒸气啤酒

酵母处于高温环境的下层发酵

上层发酵
（艾尔）

啤酒酵母

比利时系啤酒

双料啤酒

三料啤酒

季节啤酒

窖藏啤酒
Biere de garde

比利时小麦啤酒
Witbier

佛兰德斯棕色酸啤酒
Flandres Oud bruin

佛兰德斯红色酸啤酒
Flandres Red Ale

上层发酵与自然发酵

淡色艾尔啤酒
（英系与美系）

印度淡色艾尔啤酒

美式印度淡色艾尔啤酒

新英格兰印度淡色艾尔啤酒

大麦酒
Barley wine

苏格兰艾尔啤酒
Scotch Ale

苦啤酒

德系啤酒

德式小麦啤酒
Weizenbier

水晶小麦啤酒Kristallweizen

酵母小麦啤酒Hefeweizen

德式深色小麦啤酒Dunkelweizen

德国莱比锡酸咸风味小麦啤酒

上层发酵与自然发酵

柏林白啤酒Berliner weisse

上层发酵与自然发酵

德国老啤酒
Altbier

上层发酵与低温熟成

黑麦啤酒
Roggenbier

英系深色啤酒

世涛啤酒

艾尔兰世涛啤酒Irish Stout

燕麦世涛啤酒

帝国世涛

波特啤酒

浓郁型波特啤酒Robust Porter

波罗的海波特啤酒Baltic Porter

棕色艾尔
Brown ale

中世纪的啤酒

原本局限于家庭生产的啤酒，
即将进入历史的转折点，逐步走向专业化生产。

从古代麦酒到现代啤酒

中世纪是啤酒过渡期，古代麦酒（cervoise）渐渐被添加啤酒花的啤酒取代。在法国诺曼底的圣万里乐（Saint-Wandrille）修道院于835年编纂的文献中，首次提到一种以谷物为原料的啤酒花饮料。当时的酿酒人应该已经发现，添加啤酒花的啤酒能保存更久。古代麦酒与啤酒花啤酒并存了几个世纪，随着时间推移，啤酒花的应用越来越普及，这款带有明显苦味的饮料逐渐风行全球，并以源自拉丁文bibere（原意为"喝"）的bière（法文）、bier（德文）、beer（英文）作为它的专属名称。

隐修院的重要性

在中世纪，啤酒慢慢脱离家庭私酿方式，转移到具备发麦设备的大型农场。发好的麦芽会直接在农场进行酿制，或是运到具有专业知识的修道院。当时的僧侣需要自力更生，通常会酿制啤酒或制作奶酪。10世纪时，瑞士圣加尔（Saint-Gall）修道院的僧侣每人每天可以喝5升啤酒，并且允许在斋戒的日子饮用以补充营养。当时的某些医院也会酿啤酒，因为啤酒被认为可以治疗疾病。

收入来源

在日耳曼地区，宗教当权者长期垄断"古鲁特"（gruit，用来增添啤酒芳香的植物混合饮料）的生产，世俗的领主也会课征啤酒花税。这些啤酒原料成为了相当可观的收入来源。

种类齐全

中世纪的啤酒相当多样，那时便已有了一些小有名气的昂贵啤酒。酿酒师非常清楚，只要增加麦芽的数量，就能酿出比较浓烈的啤酒。一般认为是中世纪修道院的僧侣发明了比利时风格的双料及三料啤酒。酒桶上标有三个叉的重口味啤酒，通常以葡萄酒的等级出售。标示两个叉的双料啤酒较淡，通常卖给小酒馆，并于节庆时享用。至于一般的啤酒酒精含量更低，只有2%左右，它被当成液体食物，也是人们日常饮食的一部分。

迈向专业

修道院并没有啤酒的垄断权。12世纪时，巴黎有30多家登记在案的啤酒商，其中有不少由女性经营（通常是寡妇），还有1/4是外国人，来自英国、佛兰德斯或日耳曼国家。自1469年开始，书籍记载便将古代麦酒与现代啤酒（beer）的制造商分开来登记。啤酒酿制行业原本相当自由，发展到后来逐渐趋于严谨。12—17世纪间，酿酒厂强制规定学徒期从一年延长至五年，学习结束之后必须向师父呈交自己的"代表作"。同业公会不仅设定了巴黎酿酒师的人数限制，还制定了有关啤酒成分、卫生条件与酿造方法的严格规则。公会拥有监督酿酒商和卖酒场所的权力，违者将受到处罚。

CHAPITRE N° 6

啤酒的世界版图

添加啤酒花的啤酒在欧洲流传了近千年，
虽然各大洲的啤酒发展历程各有特色，
但工业化大量酿制的拉格啤酒销量仍然一枝独秀，
无论在亚洲还是美洲都能喝到大同小异的拉格风味啤酒。
然而值得注意的是，微型啤酒厂正在攻占全世界版图，
为消费者带来耳目一新的啤酒新气象。

德国与捷克

啤酒文化根深蒂固，无论是产量还是销量都相当高。

老祖宗的传统

日耳曼与斯拉夫民族酿制啤酒的历史，可以追溯到很久以前。拥有深厚啤酒文化的德国自19世纪中叶工业革命后，即以下层发酵的高超技术领袖群伦。然而在1870年后，德国繁荣的啤酒产业却因为严格的"纯净法"（Reinheitsgebot）而变得有些萧条。啤酒税法强制规定只能使用大麦与啤酒花酿酒，非常不利于其他谷物或植物香料酿制的啤酒。这项税法也间接促成了大型啤酒厂的发展。

哈尔陶
德国巴伐利亚州的一个地区，位于慕尼黑北边，拥有1.7万公顷的啤酒花种植园，每年可采收3万吨啤酒花，大部分销往国外，产量占全世界的1/3。

维恩雪弗修道院
位于慕尼黑以北的佛莱辛市（Freising），原是本笃会修道院，现为巴伐利亚州政府所有的酿酒厂，创立于1040年，据说是历史记载中全世界最古老的啤酒厂。

柏林白啤酒
1989年，柏林墙倒塌之后，这款酸味沁爽的啤酒再度引起了一股浪潮。在炎热的盛夏来杯纯粹的白啤酒，或在其中添加一抹水果糖浆来中和酸度，两种喝法都十分受人喜爱。

法兰克尼亚
同样位于巴伐利亚州，是德国啤酒工业的精华地区，拥有全国23%的啤酒厂，平均每5500个法兰克尼亚居民中就有一人拥有啤酒厂。该地区的中世纪城镇班伯格（Bamberg）以酿制烟熏啤酒闻名于世，非常值得造访。

奥丁格
德国最畅销的啤酒品牌。

扎泰茨
捷克西北部的城镇，该地区每年生产约6000吨啤酒花，大部分是萨兹品种，具有独特而且无法复制的香气，令全世界的酿酒师趋之若鹜。扎泰茨地区的啤酒花产业已被证实拥有近千年的历史。

皮尔森
这座城市原本属于奥匈帝国，如今是捷克皮尔森州的首府。1842年，巴伐利亚的酿酒师约瑟夫·古罗尔（Joseph Groll）受邀来到此地，酿制一款全新的啤酒。他采用下层发酵的方式，利用当地独特的萨兹啤酒花，以及该市引以为傲的泉水，加上淡色麦芽，酿出了征服全球的皮尔森啤酒。

柏林白啤酒

柏林

德国

扎泰茨

法兰克尼亚

皮尔森

法兰克福

捷克共和国

哈尔陶

奥丁格

维恩雪弗

慕尼黑

 德国异象

19世纪中叶，资本集中化之后，欧美国家啤酒厂的数量减少了很多，德国却异军突起，全国有近1400家啤酒厂。不过光看这个数字看不出分配不均的问题，因为有半数以上的啤酒厂都集中在巴伐利亚州。德国以多元的啤酒风格闻名于世，不仅有各式各样的传统啤酒，源自捷克的皮尔森啤酒在德国也非常流行。小麦啤酒虽然仅占全球消费量的10%，却在德国找到了立足之地。德国人极擅长酿制小麦啤酒，而事实上，小麦的酿制条件比大麦更苛刻。

比利时

在啤酒界大放异彩的小国，产量独步全球。

小国家，大啤酒

对法国人来说，比利时可算是啤酒的代名词。有很长一段时间，挑剔的法国人只肯接受优质的比利时啤酒。比利时分为三大区：瓦隆区、弗拉芒区和布鲁塞尔首都区，各区仍保有各自的传统家族酒厂，顽强抵抗着工业啤酒和大集团的进击。比利时啤酒不仅外销长红，其风格与质量也是各国争相仿效的对象。长久以来被视为机密的季节限定啤酒配方，在美国酿酒师得知关键为酵母带出的果香气味之后，迅速掀起全球热潮。

特拉普会修道院啤酒

全世界仅有11家经过认证的正统特拉普会修道院啤酒厂，其中有6家在比利时，分别是韦斯特马勒、韦斯莱特伦、亚合、奇智美、欧瓦和罗斯福。

波佩林赫

位于佛兰德斯区的一座小镇，附近有占地180公顷的啤酒花田，每年生产400吨啤酒花。虽然此地的啤酒花产量对比利时整体啤酒产业来说算不上什么，但是随着新兴啤酒厂不断出现，消费者对当地的特殊啤酒花需求也逐渐增加。在未来几年内，波佩林赫的啤酒花销售成绩可望再度起飞。

谐纳河谷

谐纳河（Senne）是一条流经布鲁塞尔的小河，河谷间生长着独特的野生酵母菌，其中以布鲁塞尔酒香酵母（Brettanomyces bruxellensis）数量最多。它是酿制兰比克啤酒的首选酵母，可赋予啤酒个性十足的原始味道。利用野生酵母自然发酵来酿制啤酒，需要非比寻常的专业功夫。这也是在啤酒走入工业时代之前，对古老啤酒味道的唯一见证。

朱皮勒

比利时最畅销的啤酒品牌。

康迪龙啤酒厂

对啤酒爱好者来说，这座至今依旧维持传统的古兹啤酒酿制厂是不可不访的圣地。康迪龙啤酒厂不仅可以免费参观，也提供精选兰比克与古兹啤酒供大众品尝。初次尝试的人可得留意了，这些不寻常的啤酒将会带给你意想不到的酸度冲击！

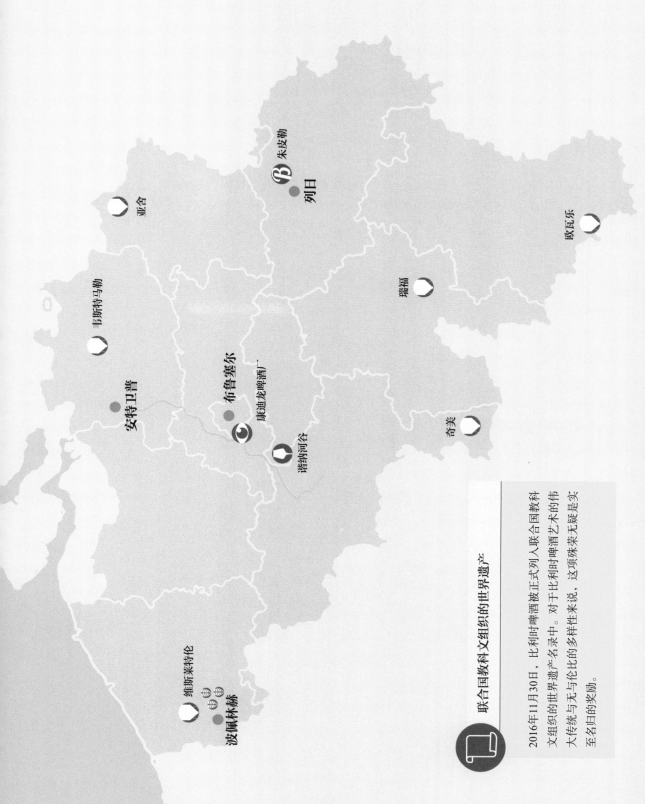

朱皮勒

列日

亚含

欧瓦乐

韦斯特马勒

瑞福

布鲁塞尔

康迪龙啤酒厂

安特卫普

谐纳河谷

奇美

维斯莱特伦

波佩林赫

联合国教科文组织的世界遗产

2016年11月30日，比利时啤酒被正式列入联合国教科文组织的世界遗产名录中。对于比利时啤酒艺术的伟大传统与无与伦比的多样性来说，这项殊荣无疑是实至名归的奖励。

大不列颠群岛

受限于日照不足等气候因素，
无法酿制葡萄酒的大不列颠群岛只好另找出路——酿制啤酒。

扩张主义

大不列颠帝国的世界强权地位，让该国的啤酒文化遍布全球。爱尔兰啤酒原本一直与英国啤酒共享契机，后来以风味浓郁、独树一帜的世涛啤酒打出自己的一片天，占全英国消费量的36%。第二次世界大战之后，英国酒吧文化经历了很长一段萧条时期。现在，爱尔兰与英国决定携手复兴古老风味的啤酒。近几年新式微型啤酒厂的出现，也为市场带来了新气象。

波顿

19世纪20年代，这个位于特伦河（Trent River）畔的城镇吸引了数家啤酒公司在此设厂，因为当地富含硫酸盐的水质不仅十分适合酿制淡色艾尔啤酒与印度淡色艾尔啤酒，也让啤酒花的香味更明显而突出。

马瑞斯奥特淡色麦芽

马瑞斯奥特（Maris Otter）属于二棱大麦，是在20世纪60年代被研发出来的品种，其麦芽适合于酿制酒类。但是到了20世纪后期，因其不受大型工业啤酒厂欢迎而销声匿迹了很长一段时间。该麦芽品种以香气著称，微型啤酒厂与业余酿酒师都是它的忠实拥护者。

啤酒花种植

英国啤酒花的主要种植区位于肯特郡、赫特福德郡及伍斯特郡一带，每年产量大约是2000吨，接近半数的收成会销往国外。该地生产的啤酒花种类繁多，共有28个品种，其中远近驰名的是福果（Fuggles）与东肯特郡金牌（East Kent Goldings），饱含极致香气。

卡尔兰

英国最畅销的（拉格）啤酒品牌，隶属于摩森康胜集团（Molson Coors）。

伦敦

大不列颠帝国的神经中枢，18世纪的伦敦是全球人口最多的城市，也是工业革命的起源地。伦敦的啤酒厂绝对不会错过这股来势汹汹的趋势，它不仅吸引了资金挹注，更是世界级的耀眼工业。

健力士

位于都柏林的健力士啤酒厂创建于1777年，主要生产世涛啤酒。随着大英帝国在历史上遍及全球的势力扩张，健力士也深受其惠，于1886年成为第一家全球性的啤酒品牌。健力士的世涛啤酒目前有几个不同的版本，分别授权给了世界各地的啤酒厂酿制。

英式酒吧与啤酒文化

2016年，英国总计有5.2万家英式酒吧（pub）。英式酒吧历史悠久，一直以来都是人们重要的社交场所。然而这种品尝美食与美酒的场所正逐年减少，被更经济的居家消费方式取代。

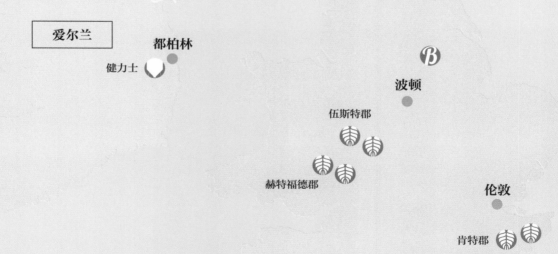

英国

爱尔兰

都柏林

健力士

波顿

伍斯特郡

赫特福德郡

伦敦

肯特郡

美 国

才不过200多年的时间，美国就迎头赶上，
成为优质啤酒的新兴龙头。

了不起的重生

美国的啤酒与19世纪美国领土开垦的历史密不可分。美国的啤酒以英国啤酒为基础，再加入欧洲其他国家的啤酒文化而更显丰富。然而地区上的限制与市场特性，让美国逐渐发展出与旧世界不同风格的啤酒。直到1919年政府颁布禁酒令，这股新兴啤酒文化才被判了死刑。之后的发展与其他地区无异，适合大量酿制的拉格啤酒稳居销售冠军。20世纪80年代初期，出现了一批冲劲十足的年轻酿酒师，他们力求开创新局面并同时守护传统，从加利福尼亚州到马萨诸塞州的波士顿掀起了一股风潮。如今，美国不仅以质量卓越的手工精酿啤酒傲视全球，更不吝提供丰富的网络文献数据，对啤酒世界的贡献之多，甚至让不少啤酒狂热分子将美式风格啤酒推崇为啤酒界的新霸主。

曼哈顿，纽约
1612年，阿德里安·布洛克（Adrian Block）和汉斯·克里斯汀森（Hans Christiansen）在当时荷兰的殖民地"新阿姆斯特丹"，也就是现在的纽约曼哈顿，创立了美国第一家有运营与销售规模的酿酒厂。

世界第一的产量
美国每年生产3.6万吨啤酒花，占全球产量的42%。美国能在此领域占尽优势，主要归功于香气馥郁的啤酒花品种。

西北啤酒花产地
马萨诸塞州是美国啤酒花的摇篮，英国第一批移民从波士顿登陆之后，在当地种植啤酒花用来酿酒。目前啤酒花种植主要集中在位于西北部的三个州：华盛顿州、俄勒冈州和爱达荷州。其中，华盛顿州的啤酒花产量约占全美的78%。纽约州的啤酒花则因小农种植推广而逐渐活跃起来，产量足以供应当地众多以"当地饮食主义"（Iocavore）为理念的酿酒厂。

美式印度淡色艾尔啤酒
20世纪80年代初期诞生于加利福尼亚州，注重啤酒花的苦味和柑橘清香，是美国啤酒文化复兴的象征。

百威淡啤（Bud Light）
美国最畅销的拉格淡啤酒，口味比一般的百威啤酒更清淡。隶属于百威英博集团。

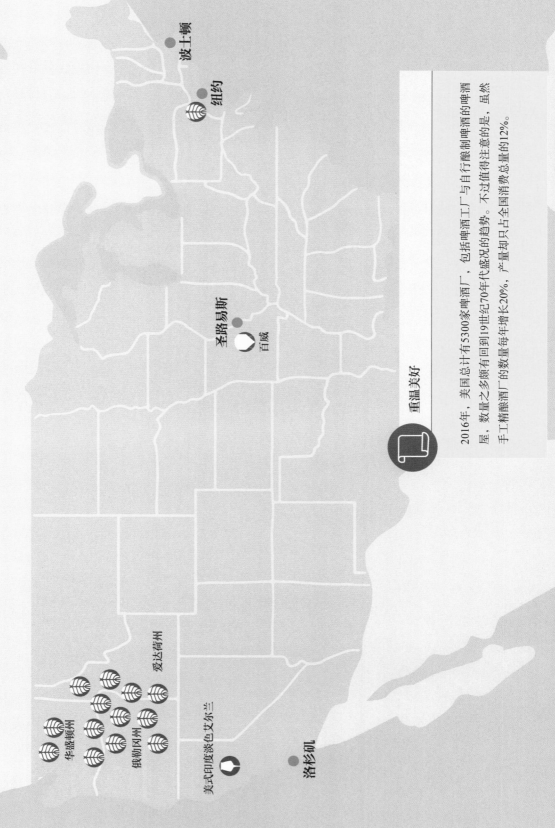

波士顿

纽约

圣路易斯
百威

华盛顿州
俄勒冈州
爱达荷州
美式印度淡色艾尔兰
洛杉矶

重温美好

2016年，美国总计有5300家啤酒厂，包括啤酒工厂与自行酿制啤酒的啤酒屋。数量之多颇有回到19世纪70年代盛况的趋势。不过值得注意的是，虽然手工精酿酒厂的数量每年增长20%，产量却只占全国消费总量的12%。

东亚地区

无论在中国、韩国还是日本，啤酒都占有非常重要的市场与地位，
与其他发酵或蒸馏的古老烈酒平分秋色。

新人立大功

在亚洲，啤酒与传统谷物烈酒并肩蓬勃发展。以谷物发酵而成的饮料在东方拥有悠久的历史，不过我们熟悉的这种添加了啤酒花的啤酒，直到19世纪才在东亚地区出现。日本在明治维新时代对西方文化采取开放政策，同时也接受了啤酒文化，尤其是来自德国拉格啤酒的熏陶。随后，啤酒文化在日本殖民时期被带入朝鲜半岛，甚至在今天的韩国都有啤酒的忠实拥护者。（中国首家大型啤酒厂于1903年创办于青岛，最初采用德国的技术和原料酿制啤酒，如今生产自家的青岛啤酒并且销售到全世界。）

青岛
位于黄海沿岸的港口城市，在1898—1914年间被划为德国租界。中国第一家大型啤酒厂即是在此期间成立的。

啤酒花
中国的啤酒花种植区集中在黄河上游以及新疆的绿洲，年产量约为1万吨。

雪花啤酒
这款拉格啤酒的年销量不仅是中国第一，也是世界第一。只不过雪花啤酒并没有在中国以外的地方销售。

黄酒
这种中国传统烈酒以谷物（小麦、黍籽、大米或高粱）的粥糊发酵而成，在西方并没有类似的饮料。虽然黄酒的成分较接近啤酒，但口感却更类似葡萄酒。

清酒
以米为原料的清酒是日本的国民酒类饮料。与啤酒的遭遇相似，清酒也历经了一番文化复兴。如今通过手工精酿，重现了传统工法与美味。

马格利
韩国传统发酵饮料，酒精含量为5%—10%，味道甜美，色泽呈乳白色。马格利通常以米酿制而成，也有少数用其他谷物或红薯酿制的版本。

日本

东京

韩国

首尔

青岛

北京

黄河流域

中国

9000年的饮料

历史上最古老的谷物发酵饮料就是在中国河南省省会被挖掘出来的。其主要酿制原料是米，也有蜂蜜与水果的成分。

非 洲

非洲大陆的人口与经济增长迅速，其啤酒市场同样充满无限的潜力。

成形中的啤酒大陆

早在欧洲人到来之前，非洲就已经有了自己的传统谷物发酵饮料。欧洲人殖民非洲时期，带来了添加啤酒花的啤酒。随着经济与人口突飞猛进、中产阶级崛起，非洲近年来的啤酒消费量每年都会增长5%。除了少数例外，每个国家的啤酒市场几乎都被政府与企业集团联手垄断，例如世界知名的百威英博集团的子公司南非米勒（SABMiller）、生产健力士啤酒的帝亚吉欧（Diageo），还有以葡萄酒起家、与法语系国家关系良好的卡思黛乐（Caste）。

多罗
马里与布基纳法索的传统发酵饮料，用发芽的小米酿制而成，酒精度极低。

卡西吉西
这款类似啤酒的饮料是坦桑尼亚、乌干达、卢旺达与布隆迪的特产，酒精量为5%—15%，以压成泥的芭蕉为原料，并在发酵前加入发芽的小米或高粱。

健力士
这个艾尔兰品牌是目前非洲进口量最大的啤酒，自1827年引进到利比里亚，如今在利比里亚、尼日利亚、喀麦隆、加纳及乌干达都设有酿制厂，同时通过授权酿造许可，在非洲其他国家生产和销售。

埃塞俄比亚
2015年，埃塞俄比亚的啤酒花产量为3.3万吨，稳居世界第三，仅次于美国和德国。

木薯啤酒
自2015年开始，百威英博集团的子公司南非米勒，在莫桑比克开发了一种以30%的麦芽及70%的木薯为原料酿成的啤酒，实现了首次将植物的根用于生产工业啤酒的创举。在此之前，木薯就曾用于制作当地传统饮料。啤酒商这么做，不仅找到了取代进口麦芽的解决方案，也为当地农民提供了工作的机会。这款名为"黑斑羚"（Impala）的啤酒，在短短几个月内就抢占了当地市场的30%。

马里

布基纳法索

埃塞俄比亚

利比里亚

加纳

尼日利亚

喀麦隆

乌干达

卢旺达
布隆迪共和国

坦桑尼亚

莫桑比克

 南非巨人

南非米勒成立于1985年，前身
为南非酿酒公司。在2015年被
百威英博集团收购之前，它曾
是世界第三大啤酒集团，如今
其旗下的啤酒品牌营销遍布非
洲37个国家。

南非

工业革命与啤酒

随着19世纪工业革命的兴起，
啤酒的生产也开启了全新局面，产量与质量皆有大幅提升。

崭新契机

19世纪后半期，大英帝国人口不断增长并几乎全都集中到了城市；英国本土拥有丰富的煤炭，大量的廉价劳工投入到了煤矿开采事业中，间接成为促进工业革命的一环。到了20世纪，工业使西方各国愈发壮大，主导了世界经济的走向，啤酒产业当然也没有置身于此现象之外。除了传统家族酒厂，由投资者出资但不直接参与酿制过程的啤酒厂也纷纷成立。此外，还有两项重要发明让啤酒产业获益匪浅，那就是温度计以及能精确测量麦芽汁含糖量的比重计。

科学的功劳

现在，啤酒可以进行大规模酿制，有好处也有坏处。1814年的时候，穆克斯啤酒公司（Meux & Co.）的波特啤酒桶破裂，150万升啤酒淹没了两栋房屋并卷走了八条生命。几十年后，健力士啤酒于1886年成为全球最大的啤酒厂，每年生产1.86亿升啤酒。新的发麦技术让麦芽的质量更稳定，甚至可以申请专利，例如黑麦芽（Black Patent Malt）或淡色艾尔麦芽（Pale Ale Malt）。酿酒师发现，水的化学变化极其重要，因此开始学习如何调整水的成分。酿制啤酒成为一门真正的科学，啤酒质量也因此不断提升。

迈向全球化

啤酒从很久以前就开始环游世界了。18世纪时，英国酿酒师开始酿制啤酒来供应波罗的海市场，尤其是给俄罗斯宫廷的啤酒，也因而出现了现今称为帝国世涛与波罗的海波特的两款啤酒。至于后来成为英国殖民地畅销饮料的印度淡色艾尔啤酒，则诞生于伦敦的东印度公司码头啤酒厂。

酵母与杀菌

几个世纪以来，酿酒师都是把酵母菌从一个酒槽回收到下一个酒槽的，但是每一批啤酒的发酵程度都不尽相同，难以预测。除了啤酒酵母，以前的啤酒还有其他用来让味道酸化的微生物，但也很容易会让啤酒变质。1857年，法国微生物学家路易·巴斯德（Louis Pasteur）研究出酵母的性质与生命周期，揭开了发酵的神秘面纱。从此以后，酿酒师可以选用不含病原体的纯酵母菌株来酿制啤酒。巴斯德消毒法则是用低温杀菌的程序，虽然降低了啤酒受到感染的风险，却也无可避免地牺牲了一些美味。

人工冷却

机械化步骤能提升每次酿酒的最大生产量。事实证明，低温且长时间的下层发酵，更容易控制质量并大量酿制啤酒，例如拉格啤酒。起初，啤酒厂会在冬天储存冰块以供一整年之用，直到1842年，德国发明家林德（Carl von Linde）发明了第一台人工制冷机，该设备可以制造冰块并冷却液体，啤酒产量因此而开始飞速增长。

新的基础设施

工业的发展必须依靠创新的基础设施，首先是铁路。在1870年普法战争之前，当时仍属于法国领土的阿尔萨斯每年生产4400万升啤酒，其中3000万升运往外地，销往仅需一日火车路程的巴黎。接着，两样新发明让啤酒成为我们今天熟悉的模样：可重复使用的陶瓷掀式瓶塞以及皇冠式金属圆片瓶盖，能将冒泡的啤酒保存在独立并可随身携带的瓶子里，无论在家还是外出，人们都可以轻松畅饮。

CHAPITRE

N° 7

啤酒如何配佳肴?

很多人认为只有葡萄酒才能与美食相得益彰,
因此啤酒常得不到美食家的追捧。
它不仅被降级为配角,甚至被认为俗气得上不了台面。
然而真正的美食家一定能掌握共鸣、对比或互补的方式,
取得啤酒与美食之间的微妙和谐。
可能很少有人知道,啤酒也是煮菜调味的好帮手呢!

啤酒与美食的绝妙搭配

不用怀疑，啤酒当然能在餐桌上与美食完美结合！

抛开成见

以葡萄酒文化自豪的法国人，很难将啤酒与美食联想在一起，甚至会有点"瞧不起"啤酒。之所以有这样偏颇的观念，是因为从前在法国没有太过可供选择的啤酒，缺乏关于啤酒的常识。法国人长期以来只爱喝酒精含量为4.5%的金色淡啤酒，例如拥有麦芽香和适中苦味的皮尔森，而且只配蝴蝶脆饼或花生。在德国和美国，消费者有十多种啤酒可以选择，进而积累出复杂的啤酒品位和文化，人们多少也都有能力搭配适合啤酒的菜肴。不过情况正在发生改变，精酿啤酒厂与啤酒专卖店都积极开拓营销渠道，连大卖场的啤酒销售也有非常明显的增长。现在法国民众越来越成熟，已经准备好接受啤酒配美食的崭新体验了。

餐酒搭配出无限滋味

拒绝在餐桌上喝啤酒，等于放弃开拓味觉享受的大好机会。一般葡萄酒的酒精含量介于11%—15%，可大致分为红酒、白酒、粉红酒和气泡酒，而一瓶质量不错的葡萄酒售价经常都要10欧元以上。啤酒的酒精含量从0—15%都有，你可以在一小瓶的啤酒中尽情探索苦涩与甘美的细微变化，或品尝苦味的香气层次，也能与任何风味的佳肴搭配出百般滋味。喜爱葡萄酒的人，还可以从某些风格的啤酒中辨认出熟悉的风味。想要挑战啤酒与佳肴的无限可能性，只有彻底认识手中的啤酒，才能为它找到合适的灵魂伴侣。

啤酒与美食的搭配法则

共鸣原则

找出菜肴与啤酒的相似点，使其"丝丝入扣"，营造共鸣的非凡效果。例如使用深度烘焙麦芽的棕色艾尔啤酒，带有烤吐司与焦糖的香气，会令人想起八分熟的嫩煎肉排。同样地，清爽略带酸味的小麦啤酒，与具备同样特色的新鲜羊奶奶酪搭配，可以说是浑然天成。这样的搭配法犹如镜子，映照出入口之后的各种感受，也勾勒出啤酒与菜肴两者味道的细微差别。值得注意的是，最好还是避免甜与甜、苦与苦这种重复的基本味道搭配，太过相似很有可能造成两败俱伤。

对比原则

这种搭配法需要检视哪些味道尝起来完全不同，却又可以提升彼此的优点。关键是互补。在这里，将佳肴与啤酒结合享用的乐趣远大于分开品尝。举一个让法国美食家大跌眼镜的例子：用波特啤酒来搭配生蚝。波特啤酒拥有类似咖啡或巧克力的烘烤芳香，甘醇的滋味遍及口腔内部，留下如同烤咖啡豆的尾韵。当生蚝入口时，清新活力与充满矿物质的海味宛若闪电冲击，让碘的滋味与榛果气息产生微妙的作用。

补充原则

这个方法更巧妙了，那就是将啤酒当作提味的香料！虽然大蒜很难跟葡萄酒对味，却能与小麦啤酒水乳交融，提升美味层次。巧克力与红色果实是天生一对，所以别犹豫，尽管用覆盆子啤酒来搭配巧克力蛋糕吧！

沙拉与前菜

鳄梨酱

主味：
油润、香料

推荐啤酒：
比利时小麦啤酒
→对比与共鸣作用

啤酒最好与鳄梨的油润口感和香料味形成对比，而比利时产的小麦啤酒最为适合。它拥有的细微泡沫与淡雅酸味，可以"清爽"口腔。另一方面，芫荽籽和柑橘皮的气味也提升了整体的馥郁香气。

苦菊沙拉佐核桃碎粒

主味：
苦味、核桃

推荐啤酒：
克里克樱桃啤酒
→补充作用

如果以苦味啤酒来搭配苦菊的苦味，只会犯下大错。这两种苦味非常接近，它们会互相干扰并形成两败俱伤的局面，所以最好突出苦菊配上核桃碎粒的清新口感。清爽酸味的克里克樱桃啤酒能扮演油醋沙拉酱的角色，浓厚的樱桃果香可以增添风味。

栉瓜烘蛋

主味：
鸡蛋、鲜奶油、蔬菜、香草植物

推荐啤酒：
拉格啤酒
→对比作用

这道菜肴热量丰富，所以最好采用对比策略。略微涩口的拉格啤酒能在每一口美味的空当消除口腔内的油腻感，也能让栉瓜与香草植物的风味更为明显。细致的麦芽味与花香则有画龙点睛之妙。

鱼类与海鲜

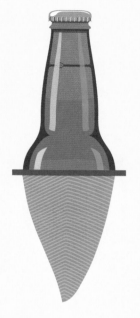

烟熏鲑鱼

主味：
烟熏、油润、鲜味

推荐啤酒：
季节啤酒、窖藏啤酒
→对比作用

鲑鱼油脂能够衬托出季节啤酒的微酸清爽，与啤酒果香交织在一起的细致烟熏风味则可以通过啤酒气泡变得更为突出。

干贝薄片佐艾斯佩雷特辣椒粉

主味：
鲜味、榛果、辣椒

推荐啤酒：
德国老啤酒
→共鸣作用

新鲜的干贝切片带有淡淡的榛果风味，与德国老啤酒的烤吐司和烧烤淡香产生共鸣。此外，啤酒还可以消除干贝略带黏滑的口感。艾斯佩雷特辣椒粉持久的果香犹如蛋糕上的草莓，带来绝佳的效果。

白肉鱼排（牙鳕）

主味：
清爽、白肉鱼

推荐啤酒：
小麦啤酒
→共鸣与补充作用

牙鳕或无须鳕等白肉鱼，其本身味道过于细致，很难自成一盘佳肴，必须要添加柠檬提味。小麦啤酒的柠檬风味完美地提供了这种绝不会出错的传统搭配，其清爽风格与鱼肉的鲜美亦属天作之合。

肉类主菜

烤牛肋排

主味：
肉类、淡褐色焦糖香

推荐啤酒：
波特啤酒、世涛
→共鸣作用

美拉德反应能让麦芽以及猛火炙烤的肉类具备焦糖的滋味，也因此烤肉与深烘焙麦芽酿制的啤酒非常对味。值得一提的是，麦芽产生的单宁能完美搭配烧烤风味，残余的糖分则能让肉类的味道更柔和。

柠檬烤鸡肉串

主味：
鸡肉、柠檬

推荐啤酒：
淡色艾尔啤酒
→补充作用

鸡肉的味道通常不如红肉来得厚实，尤其是鸡胸肉，所以最好采用补充的方式来替鸡肉增味。选择一款强调啤酒花香气的淡色艾尔啤酒，无论是草本还是果香风格，都能提升鸡肉的美味。你也可以在烧烤之前就用啤酒来腌渍鸡肉。

酸菜香肠腌肉锅

主味：
咸味、动物油脂、香料、酸味

推荐啤酒：
烟熏啤酒
→共鸣作用

欧洲人吃的酸菜是由乳酸菌发酵的卷心菜，它与啤酒一见如故。以烟熏麦芽酿制的烟熏啤酒味道浓郁，与本身带有烟熏味的猪肉制品也能产生共鸣。此外，烟熏啤酒还能缓和猪肉的咸味。

其他料理

松露布拉塔奶酪面

主味：
奶味、松露、土壤气息

推荐啤酒：
世涛啤酒
→共鸣作用

布拉塔（burrata）是奶味醇厚的意大利奶酪，能均匀粘附在面条上，让口腔充满厚重的油腻感。松露的香气主要经由鼻子，也就是鼻后嗅觉来发挥作用。以世涛来搭配的好处是：能以啤酒中蕴藏的巧克力香味达到互补的效果。味蕾上的油润感能缓和单宁的涩口，松露则能够将整体香气提升到另一个层次。

印度咖喱风味珊瑚扁豆

主味：
榛果、椰肉、辛香料

推荐啤酒：
德式小麦啤酒、酵母小麦啤酒、比利时小麦啤酒
→共鸣作用

这道素食料理富含蛋白质，搭配原则取决于咖喱香料的浓淡。想以重口味来融合香料的味道不太容易，最好让味道相辅相成。小麦啤酒的清爽能减轻咖喱的辛香，而酵母小麦啤酒的酵母芳香则能对衬出有趣的和谐口感。

西班牙腊肠比萨

主味：
油润、莫扎瑞拉奶酪、辣椒、西红柿

推荐啤酒：
双料印度淡色艾尔
→共鸣与补充作用

两大重口味不一定要势不两立，也可以携手打天下。这正是辣椒加双料印度淡色艾尔的写照——火辣辛香与树脂苦韵的至尊对决。比萨的西红柿风味可与啤酒花的果香完美结合；啤酒花在此扮演类似俄勒冈叶的提味角色。

奶 酪

孔泰奶酪（新鲜）

主味：
果香

推荐啤酒：
双料啤酒
→共鸣作用

这次主打以甜美迎战甜美，低熟成度的孔泰奶酪（comté）拥有能与双料啤酒匹配的甜味，啤酒的辛辣气息则可以微妙地突显奶酪的馥郁果香。

芒斯特奶酪（熟成）

主味：
油润、发酵奶酪

推荐啤酒：
英式印度淡色艾尔
→对比作用

芒斯特（munster）是味道厚重的花皮软质奶酪，熟成年份越久气味越强烈，还会带着油脂与轻微的呛鼻味，必须以味道强烈的啤酒来对抗，才能尝出其最美味的风韵。英式印度淡色艾尔啤酒是不二之选。涩口的苦味能平衡油润的口感，草本与果香则让味蕾体验更丰富。

萨瓦杭奶酪

主味：
甜味、清爽、榛果、油润

推荐啤酒：
覆盆莓兰比克啤酒
→补充作用

甜美柔嫩的奶酪与啤酒或其他食物都能搭配出众多的可能性。清新带着微酸果香的覆盆莓兰比克啤酒与萨瓦杭奶酪（brillat-savarin）结合，犹如酸奶上的一勺果酱，更添一层愉悦。

甜 点

熔岩巧克力蛋糕

主味：
巧克力

推荐啤酒：
帝国世涛啤酒
→共鸣作用

这是一道高热量的甜点，巧克力的滋味会在口腔内绵延良久。帝国世涛啤酒也有同样的特性，咖啡与烧烤的气味能互相提升口感层次。鉴于其酒精含量甚高，建议用有气质的品酒杯浅尝。

草莓派

主味：
草莓、酸味、奶味、果香

推荐啤酒：
美式印度淡色艾尔
→补充作用

当季草莓的芬芳与甜派中的奶香缠绵交织、香气扑鼻，与低酒精含量的社交型印度淡色艾尔啤酒（session IPA）搭配最相宜。清爽的苦味遇上奶馅那浓腻腴滑的口感，显得更为突出。苦味犹如香料，为草莓的芳香锦上添花；草莓则让啤酒花的柑橘清香与异国果香更为浓郁。

焦糖布丁

主味：
鸡蛋、鲜奶油、香草

推荐啤酒：
古兹啤酒
→对比作用

滋味浓醇的甜点，与质朴野性、酸味出乎意料的啤酒形成强烈反差。不甜的古兹啤酒能平衡焦糖布丁的甜腻，同时突显出其他的香味与口感，例如香草或脆脆的焦糖。

啤酒入菜

无论是客串还是领衔主演，啤酒都有办法让这些佳肴的美味更上一层楼。

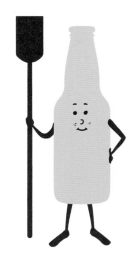

可丽饼

分量：面糊1升
材料：牛奶750毫升、啤酒250毫升、鸡蛋5个、面粉500克、盐1撮

用打蛋器将牛奶、啤酒与鸡蛋搅拌均匀，再分次加入面粉，用力搅拌至匀顺。加盐稍微拌一下，静置1小时后即可使用。

加入啤酒能让面糊更轻盈，也比较容易消化。选择味道鲜明、由苦味带来刺激感的啤酒，效果就像加入了能提升甜美口感的香料。煎可丽饼皮时，酒精会自然挥发，儿童也能安心享用。

推荐啤酒：拉格啤酒

沙巴雍（sabayon）

分量：4人份
材料：啤酒250毫升、蛋黄8个、冰糖150克

用小火加热啤酒，让啤酒酒精挥发并且变得更浓稠。接着装一盆大约68℃的热水，隔水加热变稠的啤酒，一边加入蛋黄拌匀。然后分次加入冰糖，用打蛋器用力搅打，等到整体变浓稠时，沙巴雍就完成了。

你选用的啤酒将会决定沙巴雍的风味：焦糖、咖啡、巧克力、饼干……

推荐啤酒：波特啤酒

啤酒面包

分量：面包500克
材料：面粉500克、市售酵母粉1小包（约25克）、啤酒300毫升、盐1大撮

将面粉与盐混匀，再分次加入酵母粉与啤酒。揉匀面团后常温静置1小时。接着把面团整成想要的形状，再静置30分钟。将烤箱预热至210℃。在面团表面稍微喷点水，送进烤箱烘烤10—20分钟。

推荐啤酒：德国老啤酒

啤酒当主角的料理

佛兰德斯啤酒炖牛肉

分量：4人份

材料：奶油30克、洋葱2个、牛肉1千克（牛颊肉、牛肩肉或牛肩瘦肉）、棕色啤酒750毫升、胡萝卜1根、香料面包2片、黄芥末酱1小匙

用奶油将切碎的洋葱炒至金黄色，然后在锅内加入牛肉块，煎至表面变色。加入啤酒与切成圆片的胡萝卜，炖煮1—2小时。将香料面包抹上黄芥末酱，放入锅中与肉一起炖煮10分钟。这道菜有点类似勃艮第红酒炖牛肉，不同的只是以棕色啤酒取代红酒。

推荐啤酒：棕色艾尔

啤酒水晶冰沙

分量：1份

材料：砂糖200克、啤酒250毫升、新鲜葡萄柚汁150毫升

将砂糖、啤酒与葡萄柚汁混匀，倒入平底容器中，再放入冷冻库直到结冻。拿叉子或汤匙刮取碎冰，即可完成水晶冰沙。

这道简易的冰凉甜点其实很适合在主餐上菜前后享用。它不仅可以帮助消化，也能让味蕾休息。葡萄柚风味浓厚，最好选择能与之匹配并具有同样芳香层次的啤酒。

推荐啤酒：印度淡色艾尔

啤酒蔬菜汤

分量：4人份

材料：洋葱2个、韭葱1根、啤酒330毫升、马铃薯4个、奶油1小球（榛果大小）

用奶油将切丝的洋葱与韭葱炒至上色，倒入啤酒直到高度淹过洋葱与韭葱。加入切丁的马铃薯，必要时可以加一点水。用小火炖煮20分钟即可享用。

推荐啤酒：双料啤酒

啤酒调制腌酱与佐酱

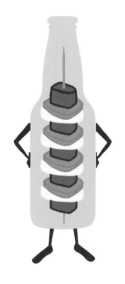

啤酒腌酱

材料：啤酒、辛香料、香草植物

将食材浸泡在加了辛香料和香草的啤酒中，让腌酱充分浸透食材，让啤酒中的酸性成分软化食材组织。浸泡时间的长短视食材而定，蔬菜与海鲜需要30分钟，白肉或薄片猪肉需要2小时，红肉则需要浸泡更长时间。

推荐搭配法：德式小麦啤酒＋巴西利＋辣椒腌酱＋鸡肉串

啤酒烤肉酱

材料：啤酒、辛香料、香草植物、砂糖

选择一款口味浓郁的啤酒，添入辛香料与砂糖混合均匀，用小火慢慢煮沸至浓稠状即可熄火。放凉的烤肉酱可以涂刷在肉类或蔬菜表面，送进烤箱或放在烤架上烘烤。涂上烤肉酱就像帮食材上了一层漆，吃起来更美味脆口。

推荐搭配法：三料啤酒＋蜂蜜＋黄芥末酱＋鸭胸

啤酒蘸酱

材料：啤酒、辛香料、香草植物

用啤酒熬煮蘸酱，可以将啤酒的香气牢牢锁在浓缩酱汁中。但是千万要慎选啤酒，果香和花香等较细致的香气会在高温下消失，只有苦味和烘烤的香味会被保留下来。

推荐搭配法：煎牛肋排，然后在煎过的锅子里倒入帝国世涛啤酒煮滚收汁

啤酒制作调味料

油醋酱

材料：啤酒、黄芥末酱、食用油、盐、黑胡椒

油醋酱的基本功用是帮沙拉提味或补充一些滋味。想想看，一道水煮马铃薯或是莴苣沙拉要是没有油醋酱的刺激，会变成什么样？啤酒在此可以取代醋，如果你偏好乳酸口味，可以选择古兹啤酒，但必须是精酿啤酒，因为工业酿造的古兹用在这里会太甜。你也可以尝试印度淡色艾尔啤酒的柑橘风味。

推荐搭配法：覆盆莓古兹啤酒油醋汁

印度酸辣酱

材料：啤酒、苹果、洋葱、生姜、葡萄干、巴萨米克醋

将苹果丁、洋葱末、生姜丝和葡萄干用平底锅炒香，倒入巴萨米克醋炝一下锅底后再倒入啤酒，转小火煮至浓稠状，离火放置一旁晾凉。

这道灵活运用糖醋滋味的酱汁源自印度，传到英国之后大受欢迎，通常用来搭配肉类料理。

推荐搭配法：嫩滑猪里脊 + 世涛啤酒酸辣酱

啤酒晶冻

材料：啤酒、砂糖、吉利丁（gelatin，又称明胶、鱼胶）或洋菜粉

用小火将啤酒煮沸15分钟，直到变得浓稠即可关火。倒入砂糖和吉利丁，搅拌均匀后放凉。

也有人将这种晶冻称作果酱，这种做法能将啤酒的香气浓缩在糖里。可选择个性鲜明的啤酒，依照其口味、麦芽和发酵方式而产生不同味道。

推荐搭配法：鹅肝酱 + 三料啤酒晶冻

啤酒的全球化

20世纪全球啤酒消费量大增，发展有如风驰电掣。

重新洗牌

才刚迈入20世纪，啤酒世界就已开始改朝换代。所有西方大城市都有现代啤酒厂，然后逐渐扩展成啤酒工厂。各国啤酒纷纷外销，口味也不断被复制，早已没有地域限制，例如早年在中国青岛的德租界酿制拉格啤酒，或在澳大利亚酿制印度淡色艾尔啤酒。啤酒市场欣欣向荣，啤酒原料与成品四处流通。无论是用掀盖式玻璃瓶带着走还是在家畅饮，啤酒早已成为全世界的消费潮流。在这个冰箱还不普及，而且大多数葡萄酒的质量仍旧低劣的时代，工业啤酒确实具有令人激赏的标准质量。

禁酒令

20世纪初，美国有2000多家啤酒厂，分别受到英国、德国与比利时的熏陶。这种繁荣景象于1919年戛然而止，美国国会通过宪法修正案，亦即《沃尔斯泰德法案》（*Volstead Act*），禁止所有酒精饮料含有超过0.5%的酒精。不仅酒酿不下去了，这项法案也让国家损失了不少的酒精税收。1933年，法院通过另一个宪法修正案之后，《沃尔斯泰德法案》才被视为无效且正式被取消。但是此时大部分的啤酒厂早已关门大吉，美国精彩的啤酒文化也流失了大半，只剩少数几家大啤酒厂仍屹立不倒，啤酒的选择也变得非常有限。

定额配给时期

第二次世界大战严重影响了欧洲的啤酒业，战争让工人远离工厂，酿酒的原料更是缺乏。在巴黎，酒商虽然可以自由售卖啤酒，生产却十分不易。政府采取"工业集中"的措施，精简原料与燃料的使用，并且禁止从业者生产酒精度超过2%的啤酒。一直到1948年，啤酒厂才能重新开始酿制酒精度较高的啤酒，然而将近900家啤酒厂早因定额配给措施而消失了。

标准化

第二次世界大战后，法国经济进入人称"辉煌三十年"的时期，然而法国的啤酒产业可就没这么好过了。小型啤酒厂因无法维持独立性而被迫关闭、出售或合并，从1950年的400家啤酒厂，到1960年减为220家，最后到1976年只剩下23家。在典型的大吃小经济形态下，巴黎的雄鸡（Gallia）、迪美妮乐（Dumesnil）、卡贺雪（Karcher）等知名啤酒厂纷纷关闭。为了控制成本，啤酒酿制均集中于工业场地。若啤酒配方是获利良方，啤酒味道就是这场变革中被牺牲的次要角色。皮尔森啤酒成为主要的啤酒风格，制式化的标准味道逐渐在全世界蔓延……

CHAPITRE

N° 8

附录

自巴比伦时代开始，

啤酒即为人与人之间的重要联结，

甚至能拉近不同的年龄层。

虽然目前啤酒看似屈居配角，

但它在流行文化中一直占有一席之地，

并随着种类的增加而变得越来越重要。

啤酒面临的挑战？

经验的积累加上质量的提升，
期待已久的啤酒黄金时代似乎已有曙光。

改头换面

当啤酒新时代来临，第一件事就是彻底改变啤酒的形象。在法国，对啤酒的评价长久以来一直不如葡萄酒。法国人普遍认为喝红酒是一种文化，而啤酒不过是含有酒精的饮料。这是因为法国并没有完整的啤酒酿造工艺传承，而且长期以来只有皮尔森啤酒的单一选择。皮尔森也有佳酿，但是过滤和消毒的技术并不稳定，而且当时的啤酒花萃取技术也不怎么样。

回到原点：口味至上

从20世纪80年代开始，市场上开始出现更多有"品味"的啤酒，尤其是上层发酵和果香浓郁的啤酒。那时流行"增味啤酒"，添入伏特加或浓缩果浆的香气，目的是吸引初涉酒国的年轻群体。专注于啤酒原味的人也不在少数，他们并不以啤酒的苦味为苦，比起糖与酒精，他们更重视整体风味的协调以及多样性。

啤酒再教育

要创造啤酒的多样性，就必须改变过去的营销模式，抛开历史悠久的修道院或是狂放不羁的形象。现在的消费者越来越精，要对产品有所了解才有可能掏钱。在这方面，啤酒产业可以师法二十几年前的葡萄酒产业。法国的消费者多少都对葡萄酒有自己的一套想法，对地理位置及葡萄品种也有概念。有了这些基础的消费者基本上已经成熟到一定程度了，理解啤酒风味与出色的多样性应该也不成问题。

啤酒本地化

啤酒与葡萄酒最大的区别，就是在地球上任何一处都可以酿造各种风格的啤酒。随着微型酒厂的发展，接下来的重点无疑是根据各地风土不同开发本地化产品。采用有机农法栽种的麦芽，强调本地产销并设立产品身份证，对追求环保的消费者是一大吸引力。啤酒酿造工业的蓬勃发展，除了让法国啤酒花的传统产区阿尔萨斯扩大种植面积，还吸引了不少人纷纷投入开辟新园区并积极参与地方风土的研究。

产业扶植

法国境内的啤酒酿造厂，在十年之间从250家增加到1000多家，多数都是小规模经营，员工不多，而且产品时常供不应求——可见对多数酿造厂来说，销售不成问题，如何生产出足够的产品才是难题。增进产量并保持高质量，是啤酒产业接下来将面临的重要课题，而这需要更多资金以及更多专业人员的培养。

崭新的起点

三十多年来，多方志士投入啤酒酿造工业，
致力于创造啤酒更多样的风貌，并在延续传统上投注心血。

浴火重生

20世纪后半期是令啤酒爱好者悲伤的时期，许多啤酒厂
陆续关闭，法国却出现了令人啧啧称奇的奇迹：硕果仅
存的阿尔萨斯啤酒厂至今仍然持续供应占全国3/4的啤
酒。因为平易近人又解渴的拉格啤酒酿制成本不高，质
量自然也不是消费者最在意的事。

艾尔啤酒推广运动

1971年，英国的啤酒消费者成立了"真
麦酒运动组织"（Campaign for Real
Ale，简称CAMRA），成员将近18万
人，目标是推广桶装啤酒（cask ale）。
相较于不锈钢桶，以木桶盛装的啤酒香
气更丰富。在该组织的推动下，许多消
费者以及啤酒业界人士开始关注传统酿
酒工艺的传承，并让许多日渐式微的啤
酒风格重见于消费市场，例如波特啤
酒。艾尔啤酒推广协会不仅促进了英国
微型啤酒厂的持续发展，此风潮甚至越
过了国境。1984年，法国菲尼斯泰尔省
出现了第一家微型啤酒厂。

美国梦

70年代末期，美国的啤酒复兴从西部开始风起云涌。精酿啤酒厂纷纷成立，并且在上层发酵的技术上不断精进。此波变革企图传承欧洲源远流长的啤酒工艺，并且在创新之外，还要将消费者的喜好与啤酒质量的稳定性摆在优先位置。

彻头彻尾的变革

自80年代开始，许多啤酒厂采用改良种的卡斯卡特啤酒花。这种啤酒花不仅产量高，保存啤酒的效果也比较好。首批以卡斯卡特啤酒花酿制的啤酒拥有宜人而鲜明的苦味，还带着强烈果香，尤其是葡萄柚的芳香。当时酿制出这款啤酒的旧金山Anchor Brewing啤酒厂无法定义这款新风格，因而采用了来自英国而且几乎被遗忘的古老名字——印度淡色艾尔。此一成功让其他啤酒厂大跌眼镜，一方面讶异消费者对新风格啤酒的接受程度，另一方面也不忘纷纷效仿。于是新品种的啤酒花越来越多，美国的啤酒厂也从20世纪80年代的90家增加至300家。2000年时，啤酒厂增加到1500家，十年之后增加到1800家，在2016年激增到5300家！

光明的未来

这场围绕着风味、多样性及产品质量展开的啤酒革命，在全世界引发了一波追随效应。法国或许起步较晚，但未来可期。在这十几年内，法国啤酒厂从250家增长到1100间（2017年7月的数据）。看来这波风潮并非一时流行，而是在稳定踏实的成长，啤酒也在消费者心中逐渐获得该有的肯定与地位。

啤酒界的明星

数千年来，这些人（或是神）在啤酒历史上散发着璀璨光芒。

啤酒女神宁卡西
（公元前18世纪）

啤酒在苏美尔文明中举足轻重，目前最早的两篇啤酒酿造文献就是以楔形文字记录下来的。在距今3700年前的苏美尔泥板上，记载着人们对宁卡西的颂歌。宁卡西为水神之女，是苏美尔文化中的啤酒女神，人称"满足口欲的女神"。里昂有一家啤酒酿造厂以宁卡西为名，Anchor Brewing啤酒厂也参考了泥板上记载的配方，复制出古代苏美尔啤酒。

苏塞鲁斯
（Sucellos，1世纪）

高卢民族的田园牧神，象征繁荣、收获与四季更迭。他一手以锤子取人性命，另一手以锅釜令人重生，一如发麦师与酿酒师先置麦芽于死地，再以之酿出有生命力的啤酒。苏塞鲁斯常与南托苏薇妲（Nantosuelta）共同被视为生育之神。

盖乌斯·老普林尼·塞孔都斯
（23—79）

老普林尼是公元1世纪的罗马博物学家，也是一位多产的作家，但完整传世的作品只有一部37册的《自然史》。这是一部全方位的百科全书，书中记载了当时的科学与技术，其中不乏对啤酒酿造工艺的描述，包含当时欧陆诸多以谷物发酵而成的酒精饮品。但老普林尼个人认为葡萄酒绝对胜过这些发酵饮料，因此字里行间难掩鄙视之意。他的作品也首次提到啤酒花这种作物，不过当时并非用来酿造啤酒。

甘布里纳斯

（16世纪）

这位神秘人物是佛兰德斯、布拉邦或古代日耳曼人
的国王（视不同国家的历史而定），出现在16世纪
左右，是啤酒与享乐生活的　象征。他的招牌形象
是头戴王冠，一手拿着啤酒杯。欧洲有很多酒吧和
酒馆都以他的名字命名，法国北部的嘉年华游行也
会固定出现甘布里纳斯的巨大木偶。

希尔德佳德·冯·宾根

（1098—1179）

以文学、音乐、语言与医学著作闻名于世的修女，
她在一篇关于药用植物的文章中提到"啤酒花的苦
味能克服发酵的缺陷并延长保存期限"。过了九个
世纪后，圣日耳曼啤酒厂（Saint-Germain）将一款
啤酒命名为贺德佳，向这位杰出的学者致意。

迈克尔·杰克逊

（1942—2007）

他的名气绝对比不上同名的世界巨星，但
也算得上是啤酒世界的杰出作家，对于维
护啤酒的声誉厥功至伟。他通过作品，不
断向淹没于工业啤酒海中的消费者喊话，
提醒大家啤酒并非平淡乏味，而是拥有精
彩多样的风味，并致力于推广独立酒厂的
卓越酿酒本领。

路易·巴斯德

（1822—1895）

他不只研发了狂犬病疫苗，还有许多项成就。他是第一个确认酵母
为有机物的人，并证明酵母能制造酒精与二氧化碳。在19世纪70
年代普法战争后法德竞争的背景下，巴斯德致力于研究啤酒的酿造
过程。他发明的巴氏杀菌法采用低温杀菌，不仅有助于大量酿制啤
酒，更能降低啤酒受到细菌感染的风险。

天生绝配猜谜游戏

每一支啤酒都是一个小世界。

一首歌曲：
快乐分裂乐队（Joy Division）演唱的《爱会拆散我们》（*Love will tear us apart*）

一款啤酒：
苦啤酒

《爱会拆散我们》歌名虽然惊悚，却无疑是世界上最优美的旋律，娓娓唱出了爱情消逝后的痛不欲生。不过这并不是一首令人丧志的歌曲，前20秒是低音吉他、吉他、爵士鼓与键盘乐器的精彩演奏，再缓缓带入主唱伊恩·柯蒂斯（Ian Curtis）沧桑忧郁的嗓音，温柔地暗示着爱情并未因消逝而死去。

同样地，苦啤酒的袭击有时对于初学者而言似乎是一场苦战，令人想转身逃跑。但是在麦芽与啤酒花的芳香之中，啤酒复杂而多层次的本质显露无遗，转而令人充满品尝的期待。

一部电影：
《王者之剑》（*Conan the Barbarian*）

一款啤酒：
双料印度淡色艾尔

由约翰·米利厄斯（John Milius）执导，并与奥利佛·斯通（Oliver Stone）共同编剧的这部电影，绝对是20世纪80年代的最佳暴力电影。当然，片中少不了硬汉派代表演员阿诺德·施瓦辛格，华丽的电影场景与特效更是一绝。主角柯南是奴隶后裔，剧情设定让他必须以一身肌肉立足江湖。渴望获得自由并在复仇世界打滚的他，面临着追寻自我存在意义的关卡，也意识到了人终究无法从中挣脱。

从某些方面来说，柯南很像双料印度淡色艾尔，苦味犹如直拳般强烈地令人难以置信，还带着树脂和果香的冲击，宣示与拉格啤酒的市场霸权及平淡滋味势不两立。双料印度淡色艾尔不是日常的啤酒，而是会在特殊时刻以其蛮横风格令人热血沸腾的啤酒。

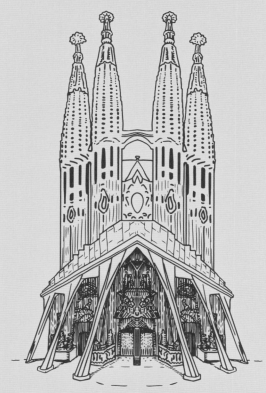

一个人物：
瑟曦·兰尼斯特（Cersei Lannister）

一款啤酒：
拉格啤酒

她是《权力的游戏》（*Game of Thrones*）的女主角，以电视剧史上前所未见的果断与残酷个性贯穿全剧。随着剧情发展，观众对她的厌恶感也直线上升。然而接近尾声时，剧情大逆转，呈现了瑟曦过往的遭遇，试图让观众理解她个性中最黑暗角落的形成因素，并对这位其实非常杰出的人物产生同情。

拉格啤酒跟她有点像。大型啤酒厂采用下层发酵的方式，酿制出众多滋味平淡的怪兽，甚至令人厌恶。然而并没有人规定拉格或是皮尔森无法成为佳酿。精酿啤酒厂还原下层发酵的魅力，赋予拉格与皮尔森啤酒细致的风味与多元性，开启啤酒的新纪元。

一处名胜：
巴塞罗那圣家族大教堂

一款啤酒：
兰比克啤酒

参观教堂不见得是年轻人爱好的活动，他们会担心在毫不起眼的灰白寒冷墙面之间无聊到死。像圣家族大教堂这样从大自然汲取灵感的螺旋造型建筑，它所带来的美学冲击令人目不暇接、无法置信，看起来荒谬的色彩也令我们重新质疑"品味"这个概念。

圣家族大教堂与自然发酵的兰比克或古兹啤酒有着相似的个性，对习惯了消毒啤酒的消费者而言，发酵啤酒的动物野性与乳酸香气一点吸引力都没有。然而，一旦冲击过后，这些啤酒便呈现出大自然所能带来的复杂度；这也是啤酒匠人所期望的，能随着发酵过程而长久表达的"语言"。

啤酒的相关词汇

让我们来整理一下啤酒爱好者必须要认识的名词。

艾尔
来自英国的专有名词，有很长一段时间，这个名词代表不添加啤酒花的啤酒，直到19世纪才被广泛用来指称啤酒。后来，艾尔代表用啤酒酵母进行上层发酵的啤酒，与下层发酵的拉格和口味清爽的皮尔森有所区别。

啤酒渣
沉淀在瓶底的凋亡的酵母。

淀粉
指植物种子中用以储存能量但不利于发酵的糖类聚合物，需于发麦过程中以淀粉酶破坏之，经过糖化过程才能转化为有利于发酵的糖分。

啤酒酿制槽（batch）
英文batch指啤酒发酵槽，或指单一批次发酵的生产量。即使每一个酿酒师极尽所能维持产品的一致性，每一批次的啤酒仍多少有些差别。

过桶陈酿（barrel aged）
指"在木桶中熟成"或"装桶"的专有名词。此种熟成方式可以让啤酒增添木桶香味，或沾染上于同一木桶熟成的酒类的芳香。

啤酒专家（biérologue或zythologue）
啤酒专家这个业内头衔，指拥有并掌握全方位啤酒知识（制造、品评、精神、文化等）的人士。"Zythologue"一词来自希腊文zythum，指古埃及时代的啤酒。

金属槽

在啤酒的搅拌及酿制过程中需要多个金属槽，包括将麦芽与水混合的原料槽、将麦芽汁与啤酒花一起煮沸的沸腾槽，以及进行发酵时的发酵槽。

啤酒花干投法（dry hopping）

从20世纪80年代开始流行的酿造方法，在啤酒装瓶的前一个步骤，将啤酒花直接浸入已经发酵完成的啤酒中。关键是以酒精当溶剂，释放啤酒花的精油，增添啤酒的果香味。

古代麦酒（cervoise）

以发芽谷物发酵，以香草植物调味，是现代啤酒的元祖。自从人们在发酵酒精饮品中加入啤酒花之后，此一名词即被"啤酒"（beer）正式取代。

啤酒狂热分子（beer geek）

用来形容以啤酒为生活、消遣以及行为圭臬的啤酒爱好者。对这些人来说，酿酒师的地位等同于摇滚巨星。

啤酒纯酿法

由德国巴伐利亚公爵吉翁四世于1516年颁布的法令，明确规定酿造啤酒只能使用大麦麦芽、啤酒花和水三种原料。虽然这个法令的规范效力有限（长久以来，酿酒师还是使用了其他谷物原料），但它还是拥有不可动摇的地位。

α 酸

将啤酒花与麦汁加热至沸腾时萃取出的分子，是啤酒苦味的来源，也是天然的防腐剂。

精酿（craft）

"精酿"或"手工"啤酒这个名称并没有相关法律规定，一般是用来与大量机械化生产、经过消毒过滤、口味千篇一律的工业啤酒相区别。此类啤酒强调穷尽心力创新，追寻极致的啤酒风味。

名人谈啤酒

无论是真实的还是虚构的英雄人物、得道的啤酒爱好者还是门外汉，谈到啤酒，他们都有话要说……

我希望受到极度赞扬，让麦芽与啤酒花大量从我头上淋下。啤酒啊啤酒，啤酒到底对我做了什么？啤酒啊啤酒，啤酒就像我的亲兄弟啊！

——法国摇滚乐团，屠夫男孩

1986—1997

啤酒是神爱世人，并且希望世人安乐的深刻证明。

——美国作家、发明家、政治家，本杰明·富兰克林

1706—1790

霸子啊，女人就像啤酒，又美又香，但两者都得经过你老妈那一关才能拥有。

——卡通人物，荷马·辛普森

燕麦喂骏马，啤酒养英雄，而黄金造绅士。

——捷克俚语

啤酒和航天工业是一个国家存在的基本条件，如果有自己的足球队以及核武更好，不过最重要的还是啤酒。

——歌手与吉他手，弗兰克·扎帕

1940—1993

啤酒与猎人的差别在于啤酒也有不含酒精的。

——法国喜剧演员与主持人，罗宏·鲁吉耶

1963—

吉尔梅娜，吉尔梅娜，爪哇还是探戈？反正都是同一回事，只想跟你说我爱你，我爱Kanterbrau啤酒。

——法国香颂天王，赫诺

1952—

没有牛肉与啤酒适当滋养的士兵不可能打胜仗。

——英国政治家，约翰·丘吉尔

1650—1722

现在的啤酒用手就可以打开。

——歌手，迈奥赛克

1964—

一品脱的啤酒就是国王般的享受。

——剧作家，威廉·莎士比亚

1564—1616

啤酒，是液态的友谊。

——比利时演员，鲁尼·古特

1951—2000

索 引

（以上索引部分数字为法文原书页码，
详见法文原书）

致　谢

来自作者

谢谢出版社和编辑团队让这本作品美梦成真，尤其感谢艾曼纽对我深具信心，还有萨柯与爱莲娜的无比耐心。谢谢亚尼斯让这本书更出色。谢谢La Cave à Bulles以及La Fine Mousse两间啤酒酒吧，在我一头栽入啤酒世界探险之际全力支持我。当然也要衷心地感谢艾尔维·玛尔吉悠、佳布利叶·提耶希、提波·薛尔曼、高提耶·利雍，特别是欧菲莉·奈曼。

最后绝对要感谢我了不起的妻子，与我同甘共苦，分享欢笑、疲惫与热情，虽然我们无法一同分享啤酒的美味，因为对她而言，我爱的啤酒似乎都太苦了。

来自插画家

感谢"足球啤酒广播电台"（Radio Bière Foot）这个电视节目，启蒙我对啤酒的好奇与认识。感谢吉雷克让我了解啤酒所有细致微妙的眉角，我已经整装待发，要走遍全世界的啤酒酒吧，干杯！

参考文献

出版物

- *The Brewmaster's Table*，Garrett Oliver（Harper Collins）
- *Bière & alchimie*，Bertrand Hell（L'OEild'Or）
- *La Bière à Paris*，Emmanuel Oumamar（Éditions Sutton）
- *How to Brew*，John Palmer（BrewersPublications）
- *Radical Brewing*，Randy Mosher（BrewersPublications）
- *Les Saveurs gastronomiques de la bière*，David Lévesque Gendron & Martin Thibault（Druide）
- *La Fine Mousse*，le meilleur de la bièreartisanale（Tana）
- *L'Art de faire sa bière*，Guirec Aubert（Parramon）

网络资源

- Beer Judge Certification Program（www.bjcp.org）
- Beer-Studies（www.beer-studies.com）
- Bière à la main（www.bierealamain.fr）
- Brew Your Own（www.byo.com）
- Forum du brassage amateur（www.brassageamateur.com）
- Happy Beer Time（www.happybeertime.com）
- Univers bière（www.univers-biere.net）